Informatik-Fachberichte 294

Herausgeber: W. Brauer
im Auftrag der Gesellschaft für Informatik (GI)

Reinhard Möller (Hrsg.)

2. Workshop Sichtsysteme –

Visualisierung in der Simulationstechnik
Bremen, 18. / 19. November 1991

Proceedings

Springer-Verlag
Berlin Heidelberg New York London Paris
Tokyo Hong Kong Barcelona Budapest

Herausgeber

Reinhard Möller
Fachbereich Elektrotechnik
Bergische Universität, Gesamthochschule Wuppertal
Fuhlrottstr. 10, W-5600 Wuppertal

Tagungsveranstalter

Gesellschaft für Informatik
FG 4.1.4: Animation und Graphische Simulation

 Krupp Atlas Elektronik GmbH, Bremen

Bergische Universität Gesamthochschule Wuppertal
Lehrstuhl I für Automatisierungstechnik (Prof. Dr. Ing. J. Heidepriem)
Fachgruppe Graphische Datenverarbeitung

Tagungsleitung

Hermann A. Hattermann
Krupp Atlas Elektronik GmbH, Bremen

CR Subject Classification (1991): B.2.1, C.1.1-C.1.3, C.3, I.3.1-I.3.4, I.3.7, J.7

ISBN-13:978-3-540-54902-4 e-ISBN-13:978-3-642-77147-7
DOI: 10.1007/978-3-642-77147-7

Satz: Reproduktionsfertige Vorlage vom Autor

33/3140-543210 – Gedruckt auf säurefreiem Papier

Vorwort

Der "2. Workshop Sichtsysteme - Visualisierung in der Simulationstechnik" findet am 18. und 19. November 1991 in Bremen statt. Er gehört zu einer Reihe von Veranstaltungen der Fachgruppe 4.1.4, Graphische Simulation und Animation, im Fachausschuß 4.1, Graphische Datenverarbeitung, der Gesellschaft für Informatik. Das Interesse dieser Fachgruppe gilt den Systemen und Verfahren der Bewegtbild-Erzeugung in allen Bereichen der graphischen Präsentation und Interaktion und damit besonders auch den Realzeit-Sichtsystemen und Simulatoren in der Luftfahrt-, Raumfahrt- und Verkehrstechnik.

Eine gleichnamige Veranstaltung wurde bereits im November 1989 an der Universität in Wuppertal mit Erfolg durchgeführt, und es entstand bei den Teilnehmern der Wunsch, diese Tagung regelmäßig zu wiederholen. Das Ziel des Workshops ist es, Wissenschaftlern sowie Anwendern und Entwicklern von Sichtsystemen ein gemeinsames Forum zu bieten. Hierdurch ist es möglich, den Anwendern sowohl die Problematiken als auch die Leistungsgrenzen heutiger Sichtsysteme zu verdeutlichen, den Wissenschaftlern und Entwicklern die Wünsche aus Anwendersicht mitzuteilen und gemeinsam die technischen Möglichkeiten der näheren Zukunft zu erörtern.

Die Vortragsinhalte veranschaulichen technische und konzeptionelle Probleme sowie Lösungsansätze für Visualisierungsaufgaben in der Simulationstechnik. Sie stellen insbesondere den Stand der Technik heutiger Realzeit-Sichtsysteme für den Einsatz in der Flug- und Fahrsimulation dar und zeigen Entwicklungstrends auf.

Das Programmkomitee (H. Hattermann, Krupp Atlas Elektronik Bremen, E. Klement, FhG-AGD Darmstadt, R. Möller, BUGH Wuppertal) wählte die Beiträge nach den folgenden Themenschwerpunkten aus:

- Anforderungen an moderne Sichtsysteme,
- Technik heutiger und zukünftiger Sichtsysteme,
- Datenbasiserzeugung/ Modellierung.

Aus dem vielfältigen Gebiet der *Anforderungen an moderne Sichtsysteme* werden die Beispiele "Standardisierung von Datenbasen" und "Realitätsbezogene Visualisierung" behandelt. In einem Übersichtsvortrag wird eine Abgrenzung zwischen realitätsbezogener Simulation und Animation präsentiert.

Zur *Technik heutiger und zukünftiger Sichtsysteme* werden in vier Beiträgen verschiedenene System-Architekturen vorgestellt. Hier werden sowohl grob granulare Multiprozessorkonzepte erörtert wie auch die Möglichkeiten fein granularer massiv-parallel-Konzepte.

Die kontinuierliche Entwicklung immer leistungsfähigerer Sichtsysteme für Forschungs- und Trainingssimulatoren und auch die damit verbundene Erweiterung der Aufgabengebiete für Sichtsimulation (früher: Flugsimulation - heute: Flug-, Fahr-, Feuerwehr-, Chirurgie- und andere Simulation) erfordern auch ständig verbesserte Datenbasen. Dem Thema *Datenbasiserzeugung/ Modellierung* sind deshalb drei Beiträge gewidmet.

An dieser Stelle wird allen gedankt, ohne deren Mithilfe eine solche Veranstaltung nicht möglich wäre. Besonderer Dank gilt der Firma Krupp Atlas Elektronik GmbH in Bremen und ihren beteiligten Mitarbeiterinnen und Mitarbeitern für die Durchführung und Organisation der Tagung vor Ort.

Wuppertal, im September 1991 Dr.-Ing. Reinhard Möller

Inhaltsverzeichnis

1. Anforderungen an moderne Sichtsysteme

2. Technik heutiger und zukünftiger Sichtsysteme

3. Datenbasiserzeugung/ Modellierung

Simulation und Animation: Konvergenz oder Divergenz?

P. Lorenz
Institut für Simulation und Graphik
Technische Universität Magdeburg

Abstract: Simulation wird heute nur akzeptiert, wenn Modelle, Prozesse und Resultate graphisch und geometrisch ähnlich präsentiert werden. Andererseits gewinnt die Computeranimation an Realitätstreue und wird effektiv, wenn sie sich auf Modelle ihrer Aktoren stützt und deren Bewegung simulieren kann. Der Vortrag sucht am Beispiel von Simulationsanwendungen nach Antworten auf die mit dem Thema formulierte Frage.

1. Geschichte und Begriffsentwicklung

Simulation und Animation (S & A) sind Wörter, deren Wurzeln man im Lateinischen findet. Für beide hat sich in den letzten Jahrzehnten ein Bedeutungswandel vollzogen.

1.1. Geschichte der Wortbedeutungen

In älteren Wörterbüchern ist Simulation ein Begriff, der überwiegend mit negativen Werten belastet ist:

Wort	Sprache	Bedeutung
simulatio simulator	lateinisch	Verstellung, Vorwand Nachahmer, Heuchler
simulate	englisch	vortäuschen,vorgeben, ähneln, nachahmen
simuler	französisch	heucheln, erdichten, fingieren, verstellen
simulieren Simulation	deutsch	vortäuschen, nachsinnen Vortäuschung von Krankheit

Demgegenüber ist Animation in der Welt des Guten angesiedelt, wie die folgenden Auszüge aus Wörterbüchern belegen:

anima	lateinisch	Atem, Seele, Leben
animer animation	französisch	Seele einhauchen, beleben, Mut fassen, erröten Beseelung, Belebung
animar	spanisch	beseelen, beleben, leben, wohnen
animieren Animator	deutsch	beleben, anregen Puppenführer bei der Trickfilmproduktion
animate	englisch	breath life into, give appearence of movement by using quick succession of gradually varying drawings

Wenn man der aktuellen Bedeutung dieser beiden Worte nachgeht, findet man im populärwissenschaftlichen Bereich mitunter überhaupt keine Differenzierung zwischen Simulation und Animation. Zumindest im Rahmen dieser Publikation soll gelten:

Animation ist synthetische oder künstliche Visualisierung dynamischer Systeme. *Simulation* ist Konstruktion und Nutzung von Modellen dynamischer Systeme. *Dynamisch* heißt hier zeitlich veränderlich.

Simulation und Animation (S & A) können den Computer als Werkzeug nutzen. Computerunterstützte S & A sind Gegenstand dieses Beitrages. Im übrigen ist im folgenden generell die diskrete ereignisorientierte Simulation gemeint.

1.2. Geschichte von S & A

Die Geschichte der Animation läßt sich bis in die erste Hälfte des vorigen Jahrhunderts zurückverfolgen. Das Phantoskop oder Phänakistoskop soll nach [Thal86] im Jahr 1831 von dem Franzosen Josephe Antoine Plateau erfunden worden sein.

Phänakistoskop (Phantoskop, griech., »Täuschungsschauer«, auch stroboskopische Scheibe, Wunderscheibe), optischer Apparat, der sich auf die Dauer des Lichteindruckes im Auge (ungefähr 1/7 Sekunde) gründet. Das P. besteht aus einer undurchsichtigen Scheibe (Fig. 1), an deren Umfang eine Anzahl Löcher angebracht sind. Auf dieser Scheibe ist eine zweite, kleinere befestigt, auf welcher irgend ein Körper, z. B. ein Pendel, in so viel aufeinander folgenden Stellungen, wie Löcher vorhanden sind, dargestellt ist.

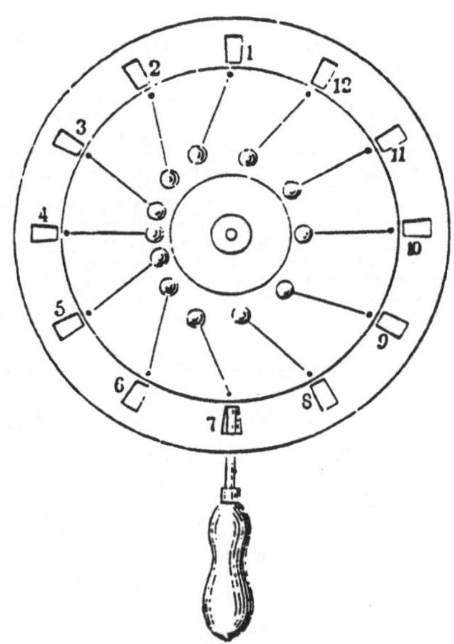

Fig. 1. Stroboskopische Scheibe.

Bild 1: Das Phantoskop (1831)

Die Trickfilmproduktion wurde vor dem ersten Weltkrieg begonnen und Ende der zwanziger Jahre durch die Walt-Disney-Produktionen weltbekannt. Bis etwa 1960 war Animation eine Methode, die den Eindruck von Bewegung durch Fotos einer Folge gezeichneter Bilder erzeugt. Etwa seit 1960 beginnt "computerunterstützte Animation" Computer werden benutzt,

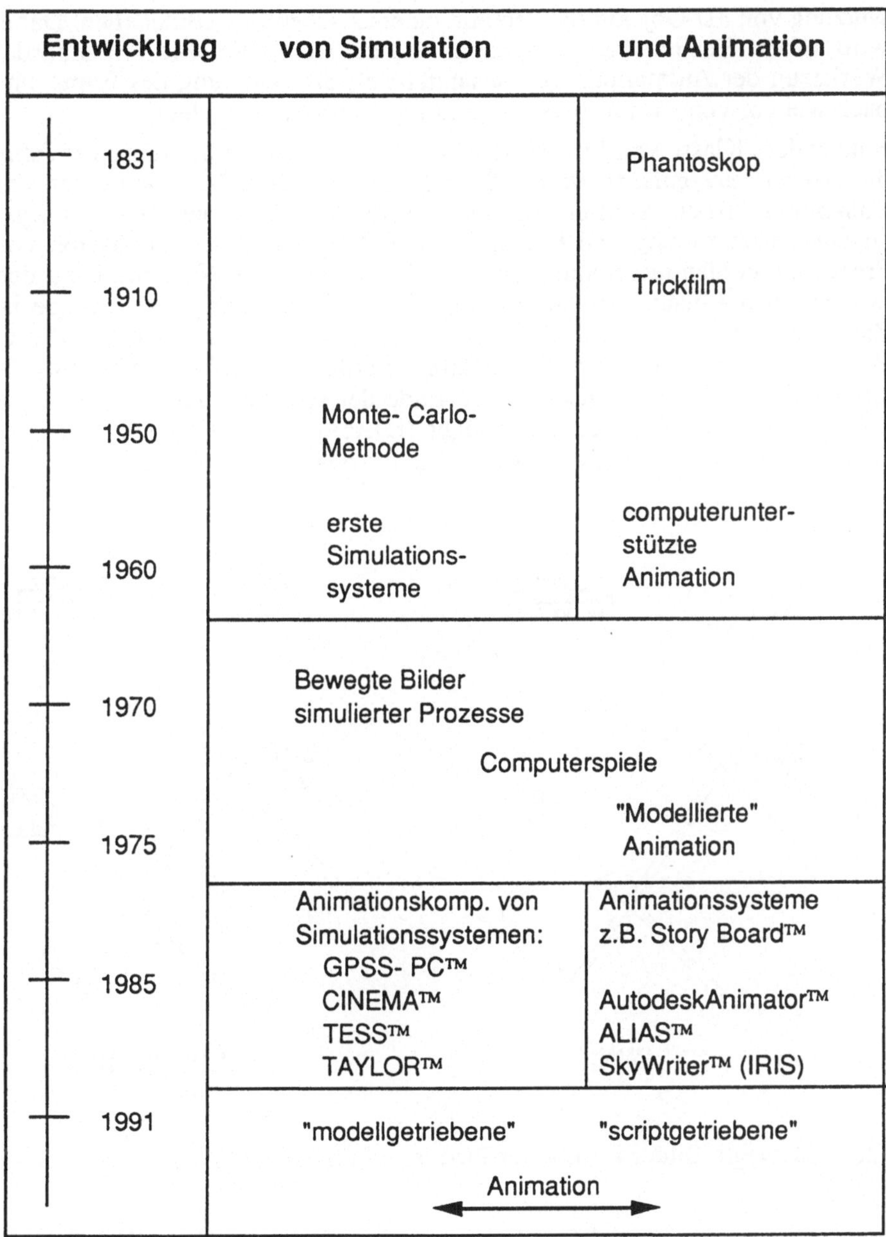

Bild 2: Entwicklung von Simulation und Animation

um Zwischenbilder (inbetweens) zwischen handgezeichneten Schlüsselbildern (key frames) zu generieren oder um gezeichnete Flächen mit Farben oder Mustern zu füllen. In den siebziger Jahren beginnt die

Nutzung von 3D-Objektmodellen und kinematischen Prozeßmodellen. Damit wird höhere Realitätstreue erreichbar und der Computer wird ein zentrales Werkzeug der Animation. Der Gesamtablauf, die Handlung des Films sind nach wie vor vom Autor im Script und im Drehbuch festgelegt

Eine andere Klasse von Prozeßmodellen liefert seit Mitte der fünfziger Jahre die *diskrete ereignisorientierte Simulation.* Ihre Modelle beschreiben das Zusammenwirken zeitlich parallel laufender Teilprozesse. Anfangszustandsbeschreibung und Regeln für den Ablauf und die Interaktion von Prozessen werden mit Simulationssprachen beschrieben. Niemand kann den tatsächlichen Ablauf vorausbestimmen. Seine Beobachtung und Analyse ist Ziel der Simulation, mit der man neue Erkenntnisse über simulierte Prozesse gewinnt. Die Resultate werden protokolliert und in alphanumerischer Form ausgegeben. Ende der sechziger Jahre tauchen die ersten graphischen Resultatdarstellungen [DJA69] und bald danach auch erste Berichte über die Erzeugung beweglicher Prozeßbilder auf [Reit71].

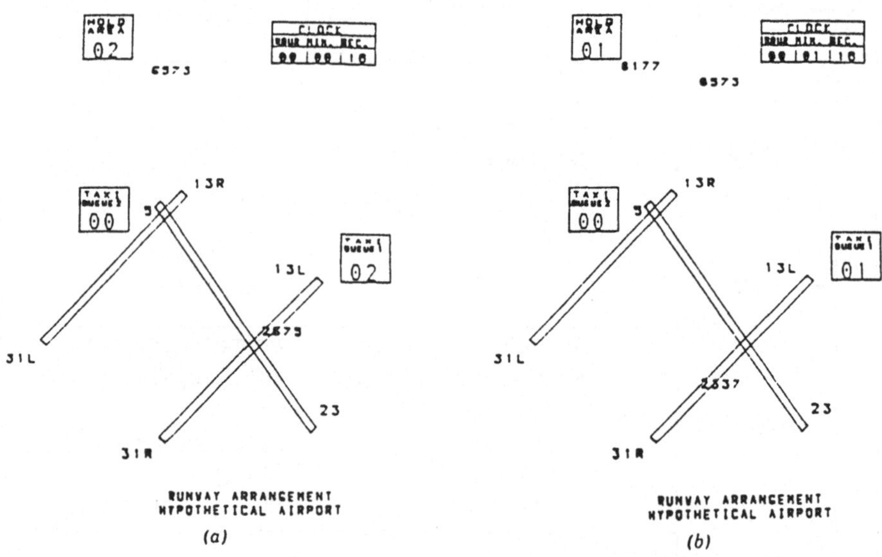

Bild 3: Bewegte Bilder simulierter Prozesse: Flughafen (1970)

Ebenfalls ohne Script und Drehbuch entstehen die beweglichen Bildfolgen von Computerspielen Mitte der siebziger Jahre treten sie zuerst als Telespiele auf und finden schnell ein großes Publikum. Die Interaktion des Spielers mit dem Spielprogramm führt in jedem Spiel zur Erzeugung neuer Bildfolgen.

Die Entwicklung *scriptgesteuerter, programmgesteuerter und interaktiver Animation* wird seit Mitte der siebziger Jahre immer deutlicher durch die Qualität ihrer Objekt- und Prozeßmodelle bestimmt.

1.3. S & A- Geschichte an der TU Magdeburg

Die Simulationstechnik hat sich an der TU Magdeburg seit fast zwanzig Jahren als Gegenstand von Lehre und Forschung etabliert und ist vielfach angewandt worden. Fertigungs- Transport- und Kommunikationssysteme waren bevorzugte Applikationsfelder. Um das Vertrauen des Auftraggebers einer Simulationsstudie in die erzielten Resultate zu gewinnen und um die Resultate anschaulicher zu präsentieren, wurden die ersten verfügbaren Bildschirmdisplays für die Visualisierung simulierter Prozesse benutzt. Die Alphamosaikgraphik am Terminal einer Mainframe unter TSO mußte bei einer Auflösung von 12*80 Zeichen dazu ausreichen, Transportprozesse in einer Blechbeizerei darzustellen.

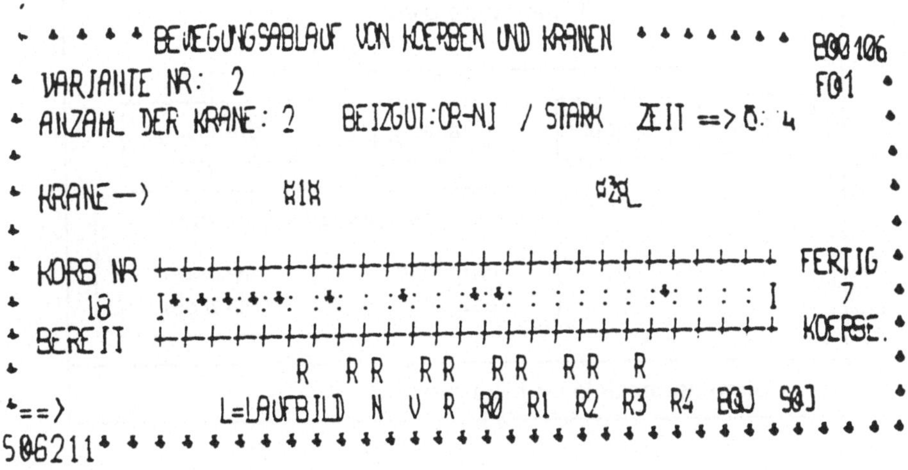

```
* * * * * BEWEGUNGSABLAUF VON KOERBEN UND KRANEN * * * * * * *  B00106
* VARIANTE NR: 2                                                 F01 *
* ANZAHL DER KRANE: 2    BEIZGUT:CR-NI / STARK   ZEIT ==> 0: 4       *
*                                                                    *
* KRANE-->           K1K                 K2K                         *
*                                                                    *
* KORB NR  +-+-+-+-+-+-+-+-+-+-+-+-+-+-+-+-+-+-+-+-+-+-+-+-+-+ FERTIG *
*   18     I*:*:*:*:*: :*: : :*: : :*:*: : : : : : :*: : : : I   7   *
* BEREIT   +-+-+-+-+-+-+-+-+-+-+-+-+-+-+-+-+-+-+-+-+-+-+-+-+-+ KOERBE.*
*                   R  R R   R R   R R   R R   R                     *
*==>           L=LAUFBILD  N  V  R  R0  R1  R2  R3  R4  B0J  S0J     *
S06211* * * * * * * * * * * * * * * * * * * * * * * * * * * * * * * * *
```

Bild 4: Transportprozesse in einer Blechbeizerei (1984)

Die unbefriedigende Abhängigkeit von den Zufälligkeiten von Multi-User- und Multitaskingbetrieb führte für diese und andere Applikationen bald zu anderen Lösungen auf die u.a. in [LHZ88] eingegangen wird. Universelle, generelle Lösungen in Gestalt von Animationskomponenten von Simulationssystemen sind erst später entstanden und werden im 3. Abschnitt dargestellt.

2. Ziele und relative Gewichte

Simulation und Animation erscheinen heute unter dem Aspekt verfügbarer Software trotz ihrer umgangssprachlichen Nähe als weitgehend getrennte Gebiete. Erste Ursachen dafür liegen sicher in unterschiedlichen, teilweise divergierenden Zielen.

2.1. Klassische Simulationsziele

Die Ziele der Simulation sind weit gespannt und werden durch das folgende Bild dargestellt. Die angegebene Klassifikation der Simulationsziele ist sicher vollständig, aber nicht disjunkt.

Zu den aufgezählten Zielen sei hier folgendes erläutert:

Die Mehrzahl der Computerspiele nutzt Modelle dynamischer Systeme. Spiele verkörpern einen interessanten, vom Anwendungsvolumen her sicher den gewichtigsten Zweig der Simulationstechnik.

Oft wird das Simulationsziel "Systemersatz" übersehen. Ersetzt werden nicht mehr vorhandene und noch nicht vorhandene Systeme, z.B. Computer.

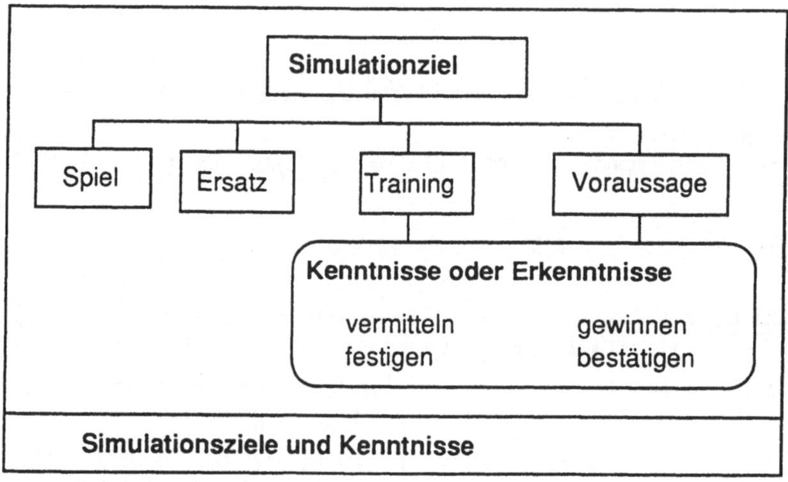

Bild 5: Ziele der Simulation

Trainingssimulatoren verkörpern den vielleicht spektakulärsten und aufwendigsten Zweig der Simulationstechnik. Moderne Flugsimulatoren kosten ca. 40 Mill. DM. Am Beispiel des Tiefflugsimulators wird der Nutzen der Simulation besonders deutlich. [HILL91]

Erkenntnisgewinn ist primäres Ziel der Simulation im Bereich der Wissenschaft. In dieser Beziehung wird Simulation eine der drei bis fünf universellen Erkenntnismethoden der Wissenschaft.

Gelegentlich entartet Simulation zum Instrument der nachträglichen Rechtfertigung von Entscheidungen.

"Applied operations research is one area where simulation has not been too helpful... Simulation becoms a high-tech justification device rather than a realistic analysis and evaluation tool...[Plen91]

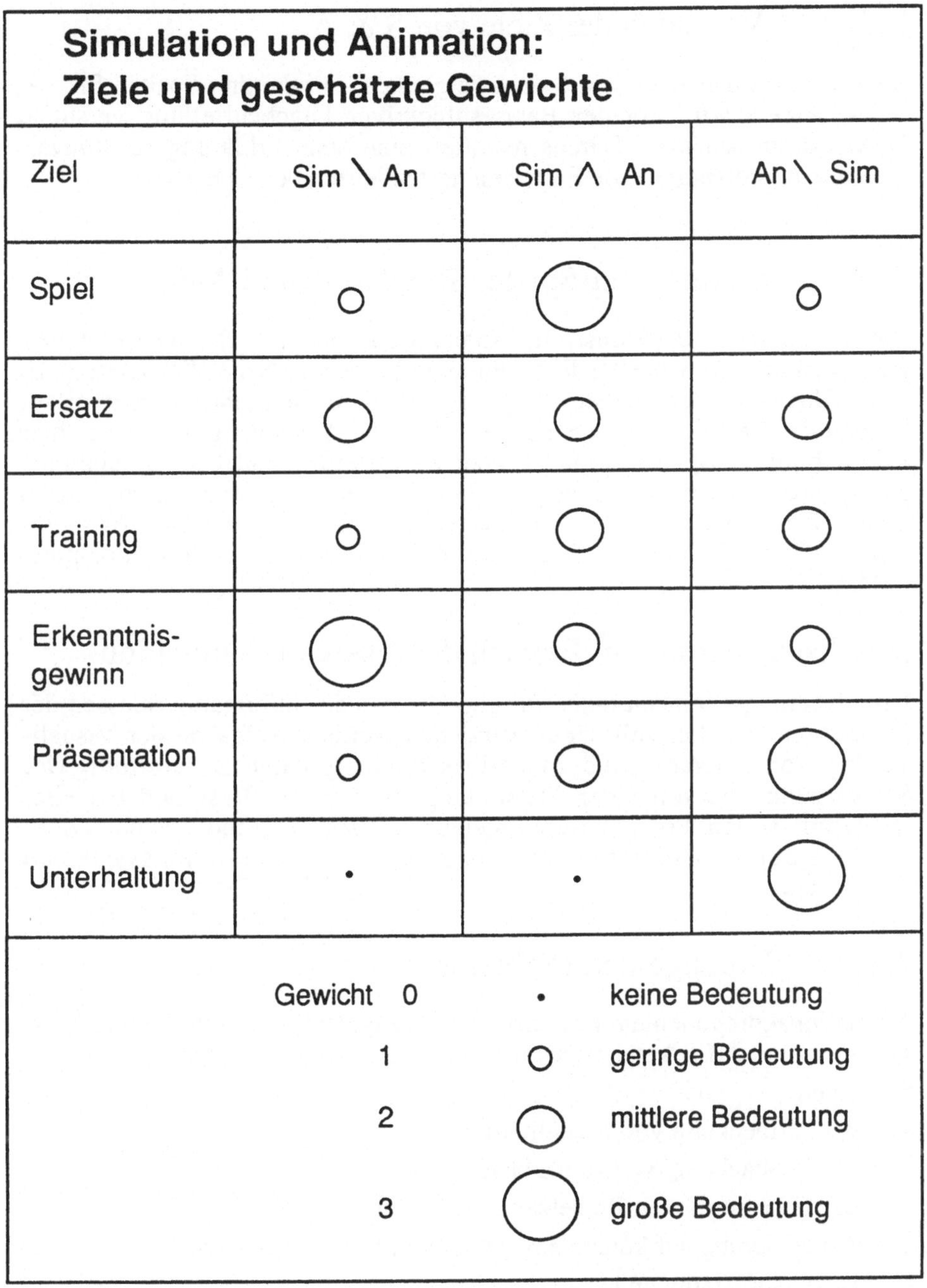

Simulation und Animation: Ziele und geschätzte Gewichte

Ziel	Sim \ An	Sim ∧ An	An \ Sim
Spiel	∘	◯	∘
Ersatz	○	○	○
Training	∘	○	○
Erkenntnis-gewinn	◯	○	○
Präsentation	∘	○	◯
Unterhaltung	•	•	◯

Gewicht		
0	•	keine Bedeutung
1	∘	geringe Bedeutung
2	○	mittlere Bedeutung
3	◯	große Bedeutung

Bild 6: Simulation und Animation: Ziele und geschätzte Gewichte

2.2. Vergleich der Ziele von S & A

Im Bild 6 werden Ziele von S & A verglichen. Für die drei Spalten S&¬A, S&A, A&¬S wird auf der Basis subjektiver Lagebeurteilung versucht, Gewichte zu schätzen. Daraus resultiert eine erste Erklärung für konvergierende und divergierende Entwicklungstendenzen beider Bereiche.

2.3. Exkurs über Spiele, Simulation und Animation

Spiele benutzen alle Formen der Interaktion von Mensch und Computer. Hier wird hochentwickeltes Echtzeittuning betrieben. Neue I/O-Geräte (z.B. Data Glove) werden schnell integriert. Oft wird mehrjähriger Zeitvorlauf gegenüber "seriösen" Anwendungen erreicht. Aus Platzgründen sei hier lediglich ein Beispiel erwähnt: Früher als im professionellen Simulations- und Animationsbereich gibt es seit 1985 ein Werkzeug zur Eigenproduktion interaktiver Simulations- und Animationsprogramme: das C64-Programmsystem Game Maker zur Eigenproduktion interaktiver Computerspiele [GMk85].

3. Visualisierung im Bereich der diskreten Simulation

Visualisierungsaufgaben treten für alle Daten- oder Informationsklassen der Simulation auf. Hier soll darauf verzichtet werden, Aufgaben der Visualisierung von Eingabe- und Modellbeschreibungsdaten zu erörtern. Der Schwerpunkt der folgenden Darstellung liegt in den Resultatdaten Hier wiederum sollen Prozeßbeschreibungen im Vordergrund stehen. Diese werden durch Animationskomponenten von Simulationssystemen visualisiert.

3.1. Vorzüge und Probleme

Animationskomponenten von diskreten, ereignisorientierten Simulationssystemen sind auf Erkenntnisgewinn und Präsentation orientiert.

Sie dienen

- der Aufdeckung von Modellfehlern
- der Beobachtung von Konfliktsituationen
- der Erkenntnis von Prozeßverlaufsformen.

Die Visualisierung auf konkretem, geometrisch ähnlichem Niveau

- ist zeitaufwendig und
- kann statistische Analyse nicht ersetzen.

3.2. Beispiele von Animationskomponenten

Animation galt unter vielen professionellen Simulationstechnikern als unseriöses, überflüssiges Beiwerk. 1985 wurde GPSS-PC™ möglicherweise als erstes unter den bekannten kommerziell vertriebenen Simulationssystemen mit einer Animationskomponente ausgestattet. Nachdem sich im Jahr 1989 auch J.O.Henriksen nach mehrjährigem Widerstand dazu entschließen mußte, für sein GPSS/H den Animator Proof [BrHe89] zu entwickeln und zu vertreiben, dürfte es heute kein bekanntes Simulationssystem mehr geben, das auf die Möglichkeit der Animation verzichtet.

(Falls die Vortragszeit reicht, werden anhand von Dias visuelle Eindrücke der Animationskomponenten von

DOSIMIS, GPSS-PC, MAST, SIMAN-Cinema, SIMPC, SIMSCRIPT, TAYLOR und WITNESS

vermittelt.)

Simulations-system	Konkurrenz (Parallelität)	Integrations-grad	2D / 3D	Fenster F Zoom Z Kamera-schwenk K	Intelligenz
SIMAN -Cinema	1	0	2D		
MAST	0	0	2D		
TAYLOR	1		2/3D		
SIMSCRIPT			2D		
WITNESS	1		2D	F, Z, K	
DOSIMIS	0	0	2D	F, Z, K	
GPSS-PC	1	1	2D	K	
SIMPC	1	1	2D	K	*

Bild 7: Animationskomponenten von Simulationssystemen

3.3. GPSS-PC™ und SIMPC im Vergleich

In diesem Abschnitt werden das seit 1986 vertriebene und 1988 in einer neuen Version erschienene GPSS-PC™ [GPSS88] mit einem an der TU Magdeburg entwickelten Simulatorprototyp SIMPC [LSS90] verglichen. Der Vergleich dient der Vorstellung von typischer Merkmalen und Funktionen von Animationskomponenten der Simulationssoftware.

Gemeinsamkeiten beider Systeme liegen

in der Nutzung eines Bildhintergrundes (Layout) als 2-dimensionales, praktisch unendliches Bewegungsfeld,

- in der Nutzung von Objektsymbolen in Zeichengröße (Shapes), zur Visualisierung der Bewegung von Transaktionen,
- in abstrakte Prozeßdarstellungen in Form von beweglichen Histogrammen, "Thermometergraphiken" und Zählern
- im Angebot einer "Programmanimation" zur Visualisierung des Transaction - Flusses
- in der Möglichkeit des Kameraschwenk über den virtuellen Screen und
- in der Integration der Animationsobjekte in die Simulation.

GPSS-PC - Besonderheiten bestehen

- im Collision Prevention-Mode (Animation als Brettspielmodifikation)
- im Einheitstempo für Objektsymbole
- in der Funktion der interaktiven Positionsänderung von Objekten

SIMPC-Besonderheiten liegen

- in der Bewegung auf definierten Bahnen
- in einem 8-Schicht-Modell als Basis für Überfahren, Kollision und Unterfahren (Annäherung an Multiplane- Animation)
- in einer durch das Programm einstellbaren Bewegungsgeschwindigkeit
- in der Möglichkeit des Maßstabswechsels auf dem virtuellen Screen, was nichtlineare Bildgeometrie zur Folge haben kann.
- im automatischen Kameraschwenk zur Position eines Ereignisses

3.4. Gemeinsame Defekte

Alle Animationskomponenten von Simulationssystemen vereint die Nichtbeachtung der im Trickfilmbereich bekannten "Animationsprinzipien".

Name	Inhalt
Squash	Verformung beim Übergang der Bewegung in den Stand
Stretch	Verformung beim Übergang vom Stand in die Bewegung
Timing	Geschwindigkeit so einstellen, daß der Beobachter folgen kann und sich nicht langweilt
Anticipation	(Walt Disney:) Jede wichtige Bewegung muß für den Zuschauer vorhersehbar sein.
Staging	Art der Präsentation einer Idee so, daß sie verstanden wird. Pro Szene sollte nur eine Idee dargestellt werden.

Bild 8:"Animationsprinzipien" nach [Willim]

Name	Graphik-Adapter 1 2 3 4	Sprites	Pictures Cros-sing Mode	Ver-zwei-gungen/ Zyklen	Einzel-schritt-modus	In-betwee-ning	..
Storyboard	0 0 0	j	8	j/n	j	n	..
Paintbush Presentation Maker	0 0 0 0	n	11	j	n	n	..
Grasp	0 0 0 0	j	25	j	n	n	..
Present	0	n	13	n	n	n	..
Concord 3.0	0 0 0 0	j	6	j/n	j	n	..
...	...	...	...	...	...	...	..

1- Hercules, 2- CGA, 3- EGA, 4- VGA (PC Magazin PLUS 5/89

Bild 9: Attribute von PC-Präsentations- und Animationssystemen

4. Animationssysteme und ihre Defekte

Animationssysteme verfolgen als primäres Ziel die Präsentation.

Das Bild "Attribute von PC-Präsentations- und Animationssystemen zeigt typische Bewertungskriterien für Animationssysteme, z.B.

Sprites, Picture Crossing Modes, Branches / Cycles, Einzelschrittmodus und In-Betweening.

In dem im Bild zitierten Vergleich bleiben Attribute unerwähnt, die Beziehungen zur Visuialisierung simulierter Prozesse berühren könnten. Wünschenswertere Anfangsschritte zur Kopplung mit Simulation könnten sein:

- die Verarbeitung von Protokolldaten simulierter Prozesse und
- die Definition von Schnittstellen zwischen Simulations- und Animationssystemen

Im Bereich der Animationssysteme.wird die noch dominierende Frame-by-Frame Animation allmählich durch Online-Animation abgelöst. Sie wird möglich, sobald das Bilderzeugungstempo größer als das Vorführtempo wird.

Im Hinblick auf die Möglichkeit der Koppelung mit Simulationsmodellen haben diese Systeme meist ein Hauptdefizit: Es fehlen Konzepte zur Visualisierung konkurrenter Prozesse.

Fehlende Intelligenz, fehlenden Wissen über die Realität und fehlende Unterstützung bei der Modellierung von Bewegungen bestehen auch aus der Sicht traditioneller Anwender. Diese Mängel sind in [BHStr] treffend beschrieben worden.

Attribute von Simulatoren und Animatoren (1)

<table>
<tr><th></th><th>Attribut</th><th colspan="3">Attributwerte</th></tr>
<tr><td rowspan="7">Ziele</td><td rowspan="7">Anwendungsziel</td><td>S\A</td><td>S∧A</td><td>A\S</td></tr>
<tr><td colspan="2">Erkenntnisgewinn</td><td></td></tr>
<tr><td colspan="3">Ersatz</td></tr>
<tr><td></td><td>Spiel</td><td></td></tr>
<tr><td></td><td colspan="2">Präsentation</td></tr>
<tr><td></td><td colspan="2">Training</td></tr>
<tr><td colspan="2"></td><td>Unterhaltung</td></tr>
<tr><td rowspan="7">Zeitbezogene Attribute</td><td rowspan="3">Zeitfortschritt</td><td colspan="2">kontinuierlich</td><td></td></tr>
<tr><td colspan="2">ereignisorientiert</td><td></td></tr>
<tr><td colspan="3">getaktet</td></tr>
<tr><td rowspan="2">Verhältnis zur Realzeit</td><td colspan="2">variabel</td><td></td></tr>
<tr><td colspan="3">konstant 1
<1 (Zeitraffung)
>1 (Zeitlupe)</td></tr>
<tr><td rowspan="2">Beziehung von Erzeugung und Darstellung</td><td colspan="3">entkoppelt
post- Run frame by frame</td></tr>
<tr><td colspan="3">gekoppelt
parallel online</td></tr>
</table>

Bild 10a: Attribute von Simulatoren und Animatoren (Teil1)

5. Klassifikatoren und Attributwerte

Im 2. Abschnitt waren Ziele im Hinblick auf S & A bewertet worden. Ziele stellen nur ein Attribut aus einer Attributliste dar, die als Basis für Klassifikation und Bewertung vorzuschlagen ist. Es liegt nahe, die Attribute den Klassen Ziele/ zeitbezogene/ bildbezogene/ nutzungsbezogene Attribute zuzuordnen.

Attribute von Simulatoren und Animatoren (2)

	Attribut	Attributwerte		
		$S \setminus A$	$S \wedge A$	$A \setminus S$
Bildbezogene Attribute	Abstraktionsgrad	abstrakt	abstrakt	
			konkret	konkret
	Realitätsnähe		schematisch	schematisch
			fotorealistisch	fotorealistisch
	Dimensionalität		2	2
			2 1/2 D	2 1/2 D
			3 D	3 D
	Bilderzeugung		natürlich	natürlich
			synthetisch	synthetisch
	Bildschichtung		ungeschichtet	ungeschichtet
			geschichtet	geschichtet
	Bildstruktur		objektbezogen	objektbezogen
			ohne	ohne
Nutzungsbezogene Attribute	Verfügbarkeit			
	Portabilität			
	Bildkompression			
	Einzelschrittmodus			
	Interaktionsniveau			

Bild 10b: Attribute von Simulatoren und Animatoren (Teil 2)

6. Divergenz oder Konvergenz ?

Simulation und Animation: Vergleich von Eigenschaften

Attribut	Verfügbarkeit in Animationssystemen	Verfügbarkeit in Simulationssystemen
1 Picture Crossing	◕	○
2 In- betweening	◕	○
3 Musik- und Soundsynthese	◑	○
4 Sprachsynthese	◑	○
5 Objekterzeugung und -bearbeitung	●	◔
6 Szenen- oder Layoutgestaltung	●	◑
7 Wechsel von Form/ Farbe/ Größe	◕	◑
8 Einzelschrittmodus	◕	◕
9 Steuerung konkurrenter Objektbewegungen	◑	●
10 Erzeugung zufälliger Ereignisse	◑	●
11 Sammlung von Resultatdaten	◑	●
12 Erzeugung von Ereignisfolgen	◔	●
13 Verwaltung eines Ereigniskalenders	○	●

Symbole: ● in den meisten Systemen vorhanden; ○ fast nie vorhanden

Bild 11: Vergleich von Eigenschaften von Animations- und Simulationssystemen

Das Bild 11 ist eine Zusammenfassung von Eindrücken aus der Beobachtung verfügbarer Systeme

Es bedarf der Vervollständigung sowie quantitativer Untersetzung.

Fakten, Eindrücke und Vermutungen zum Vergleich von Simulation und Animation seien zu den folgenden Thesen zusammengefaßt:

(1) Die Divergenz von S & A resultiert aus der Divergenz der ihrer Ziele.

(2) Das Zusammenwirken separater S & A-Systeme bedarf einer Definition und Standardisierung von Schnittstellen, z. B. in Form von Ereignis- und Prozeßprotokollen.

(3) Interaktion bedingt Integration (Bsp. GPSS-PC und SIMPC).

(4) S & A-Systemen fehlt Intelligenz in Form von Wissen über Objekte, Prozesse und Nutzer.

(5) Den Animationskomponenten von Simulationssystemen fehlen die Unterstützung klassischer "Animationsprinzipien" [Willim] und Beziehungen zu multimedialen Informationsdarstellungen.

(6) Animationssystemen fehlen oft Steuermechanismen für konkurrente Objektbewegungen und Mechanismen zu Ereignislistenverwaltung.

(7) Universelle, intelligente und multimediale S & A-Systeme werden machbar.

(8) Fachleute der Simulation und der Animation sollten gemeinsame Veranstaltungen, Arbeitsfelder, Organisationen und Begriffe suchen und finden.

Literatur

[BHStr91]	Beck, W., Haegele, Th. Strothotte, Th.	Offene Fragestellungen im Bereich wissens-basierter Animationssoftware	Tagungsb.3. Fachtagung Computeranimation Magdeburg 1991 S. 23-32
[BrHe89]	Brunner, D., Henriksen, J.	A Genral Purpose Animator	Proc. of the 1989 Winter Simulation Conf. 155-163
[DJA69].	Donovan, J.J., Jones, M.M., Alsop, T.W.	A graphical facility for an interactive simulation system	Proc. IFIP Congr. 68. North-Holland, Amsterdam
[GMk85]		Game Maker™ Software für C64	Activision Inc.
[GPSS88]		GPSS-PC™ Reference Manual	MINUTEMAN software Stow Massachusetts 1988
[HILL91]	Hillebrand, H.	Luftwaffe erprobt Tiefflugsimulator/ Helmdisplays für realistisches Sichtsystem	Luftwaffen- Forum 5 (1991) 2, S. 56-59
[LHZ88]	Lorenz, P., Herper, H. Ziems, D.	Computeranimation	rechentechnik/daten-verarbeitung 25(1988) 1, 8-12
[LSS90]	Lorenz, P., Scharff, A., Schulze, Th.	Animationskomponenten in Simulationssprachen vom GPSS-Typ	Proc. 6. Symposium Simulationstechnik Wien1990. Vieweg-Verlag Braunschw. 1990
[Plen91]	Plenart, G,	Is Simulation an effec-tive tool in Production Operations Management	SIMULATION Jan. 91 p. 70
[Reit71]	Reitman, J.	Computer Simulation Applications	Wiley-Interscience New York 1971
[Thal85]	Magnenat-Thalman, N. Thalman,D.	Computer Animation	Springer-Verlag Berlin 1985
[Willim]	Willim, B.	Leitfaden der Computer Grafik	Drei-R-Verlag Berlin 1989

Untersuchung des Beitrages der Stereoskopie zur Tiefenwahrnehmung bei digitalen Außensichtsystemen

D. Pfeffer

A. Christidis

E. Klärner

AITEC

Dortmund-Dorstfeld

1. Einleitung

Will man die Nutzung von Fahrsimulatoren erweitern, z.B. durch Einführung von Ausbildungssimulatoren in Fahrschulen, so muß man zur Zeit noch Einbußen der visuellen Realitätstreue aus Kostengründen in Kauf nehmen. Davon betroffen ist der Einsatz schattierter sowie texturierter Darstellungen, die jedoch in absehbarer Zeit in Low-Cost Simulatoren realisiert werden können, wie unsere Entwicklungsarbeiten bestätigen. Die Verwendung stereoskopischer Darstellungen, die dem beidäugigen Sehen unserer Umwelt am ehesten entspricht, ist möglich (z.B. helmet mounted display), beinhaltet jedoch einen zusätzlichen technischen Aufwand, damit jedem Auge das aus seiner speziellen Position wahrnehmbare Bild zugeführt werden kann. Inwiefern die stereoskopische Darstellung im Vergleich zu anderen Tiefenkriterien eine Verbesserung der Tiefenwahrnehmung ermöglicht, wurde anhand einer vergleichenden Untersuchung der statischen Tiefenkriterien mittels einer Versuchsreihe mit Probanden überprüft.

Der hier beschriebene Teil der Studie bewertet die statischen Tiefenkriterien, die an einem Low-Cost-Grafiksystem mit einer Farbtabelle von maximal 256 Farben verglichen wurden.

2. Untersuchte Kriterien

Zur Tiefenwahrnehmung innerhalb computergenerierter Bilder können folgende Kriterien beitragen.

binokular: Querdisparation
Akkommodation
Konvergenz

monokular: Bewegungsperspektive
Bewegungsparallaxe
Linearperspektive
Texturperspektive
Größenperspektive
Luftperspektive
Verdeckung
Licht und Schatten
Verhältnis zum Horizont.

Von diesen von Psychologen aufgestellten Tiefenkriterien, die eine Tiefenwahrnehmung innerhalb zweidimensionaler Vorlagen ermöglichen, wurden die nachstehenden Kriterienkomplexe für diese statische Untersuchung vergleichend gegenübergestellt.

1. *Standardkriterien*
2. *Textur- und Luftperspektive*
3. *Licht und Schatten*
4. *Querdisparation*

Mit Standardkriterien wurden die Kriterien bezeichnet, die für eine wirklichkeitsnahe Darstellungen in bestehenden Außensichtsystemen zumindest enthalten sein müssen.

Dazu gehören
- Linearperspektive
- Größenperspektive
- Verdeckung
- Verhältnis zum Horizont

Die in dieser Untersuchung nicht berücksichtigten Kriterien, Akkommodation und Konvergenz, liefern lediglich in einem Entfernungsbereich von 10cm bis 5m ein mögliches Indiz für die wahrgenomme Tiefe und erscheinen somit für Fahrsimulatoren nicht interessant. Die Bewegungskriterien wurden aufgrund technischer Möglichkeiten vorerst nicht berücksichtigt.

Die Querdisparation kennzeichnet die retinale Abweichung zweier zentralprojektiver Netzhautbilder, die durch den seitlichen Abstand zwischen beiden Augen hervorgerufen wird. Die stereoskopische Raumwahrnehmung basiert auf der Fusion dieser beiden Netzhautabbildungen durch den visuellen Cortex; je größer die retinale Abweichung der Abbildungen in beiden Augen ist, desto intensiver ist der Tiefeneindruck, solange ein bestimmtes Ausmaß an Querdispration nicht überschritten wird. Obwohl beim natürlichen Sehen und beim stereoskopischen Sehen die Netzhautbilder identisch sind, unterscheidet sich die Tiefenwahrnehmung. Im Gegensatz zum natürlichen Sehen, bei dem die Akkommodation und Konvergenz gekoppelt sind, stellt sich beim stereoskopischen Sehen die Akkommodation auf die Abbildungsebene ein, während die Konvergenz auf den Raumpunkt gerichtet ist.

Zudem ist bei der Stereoskopie die gleichzeitig erfaßbare Tiefenzone begrenzt; sie erstreckt sich bei einer Augenbasis von ca. 65mm von 25 bis 27 cm, von 100 bis 145 cm und von 300 cm bis ∞.
Die maximale Entfernung, bei der sich Objekte vom unendlich entfernten Hintergrund noch abheben, wird von verschiedenen Autoren nicht einheitlich angegeben; sie liegt zwischen 240 m bis theoretisch über 2000 m.

Von den technischen Möglichkeiten zur Erstellung farbiger stereoskopischer Darstellungen wurde ein tachistoskopisches Verfahren ausgesucht und realisiert.

Die beiden stereoskopischen Halbbilder werden zeitverschoben auf einem Monitor dargestellt, dazu wird dem einzelnen Auge synchron die Sicht auf den Monitor durch einen LCD-Shutter genommen, so daß jedes Auge nur das aus seiner Position sichtbare Bild wahrnehmen kann.

Abb.1: Halbbilder der tachistoskopischen Darstellung einer Straßenszene /1/

3. Versuchsdarstellungen

Zum Vergleich der beschriebenen Tiefenkriterien wurden drei 3D-Grundbilder generiert, die die Vergleichsmodelle in unterschiedlichen Tiefenbereichen darstellen:

a) Nahbereich I von ca. 6 m - 8 m

b) Nahbereich II von ca. 17 m - 29 m

c) Fernbereich von ca. 600 m - 800 m

In jedem Bild wurden 5 vergleichende Modelle in unterschiedlichen Entfernungen dargestellt. Die Reihenfolge der Vergleichsmodelle wurde für jedes Kriterium verändert.

Zur Vermeidung nicht auswertbarer Einflüße der Reihenfolge der Vergleichsmodelle auf das Versuchsergebnis wurde der Versuch in vier Versuchsreihen mit Versuchsgruppen zu je 15 Probanden unterteilt. Die Reihenfolgen der Vergleichsmodelle wurden nach jeder Versuchsreihe vertauscht. Zur Untersuchung der vier Kriterienkomplexe in drei Entfernungsbereichen bei den vier Probandengruppen wurden somit 48 Darstellungen eingesetzt.

In den untersuchten Entfernungsbereichen wurde jeweils nach der Reihenfolge der fünf Vergleichsmodelle und nach der absoluten Entfernung eines Modells gefragt.

Jeweils eine der vier Versuchsreihen ist in den folgenden Bildern zusammengefaßt dargestellt und enthält die Vergleichskriterien in folgender Anordnung:

oben links	-	Standardkriterien
oben rechts	-	Textur- und Luftperspektive
unten links	-	Schlagschatten und Schattierung
unten rechts	-	Querdisparation (ein Halbbild)

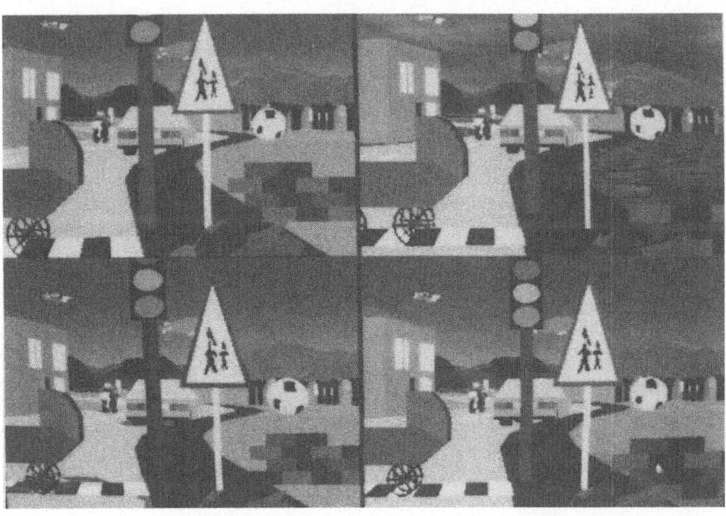

Abb.2: Versuchsdarstellungen im Nahbereich I /1/

Die im Nahbereich I dargestellten Vergleichsmodelle sind der Kinderwagen, die Ampel, das Schild, der Ball und die Mauer (Abb.2). Die Differenz der Abstände zweier aufeinanderfolgender Vergleichsmodelle von der Abbildungsebene beträgt jeweils 50 cm.

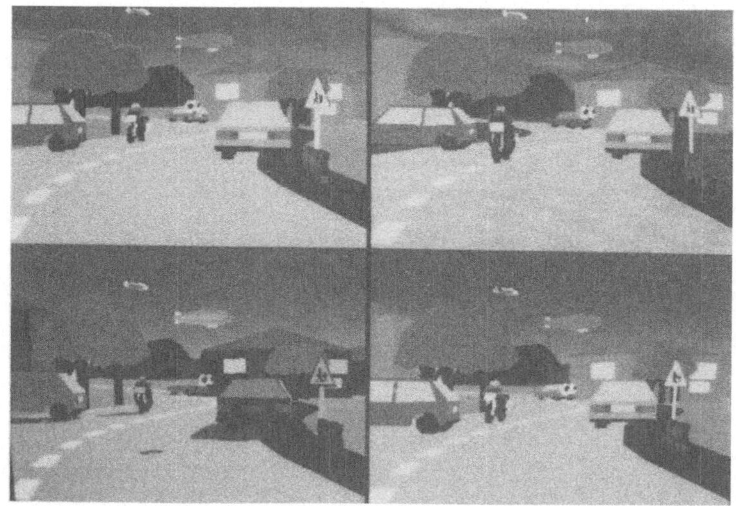

Abb.3: Versuchsdarstellungen im Nahbereich II /1/

Die Vergleichsmodelle für den Nahbereich II sind das linke und rechte Auto, der Ball, das Schild und das Motorrad (Abb. 3). Die Differenz der Abstände zweier aufeinanderfolgender Vergleichsmodelle von der Abbildungsebene beträgt jeweils 3 m.

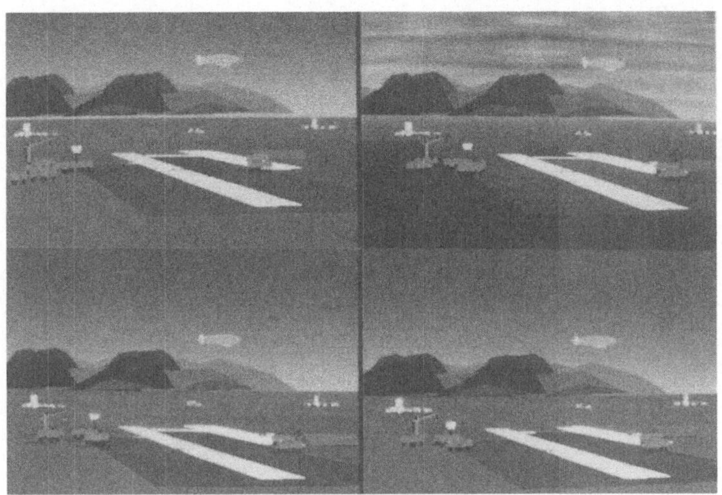

Abb.4: Versuchsdarstellungen im Fernbereich /1/

Die Vergleichsmodelle im Fernbereich sind der Hubschrauber, das Flugzeug, der Hangar, der Kran und der Tower. Die Differenz der Abstände zweier aufeinanderfolgender Vergleichsmodelle von der Abbildungsebene beträgt jeweils 50 m.

4. Versuchsaufbau

Die gezeigten Versuchsbilder entsprechen der Sicht auf den Monitor.
Zur Versuchsdurchführung wurde zwischen Monitor und Proband eine Fresnellinse positioniert.

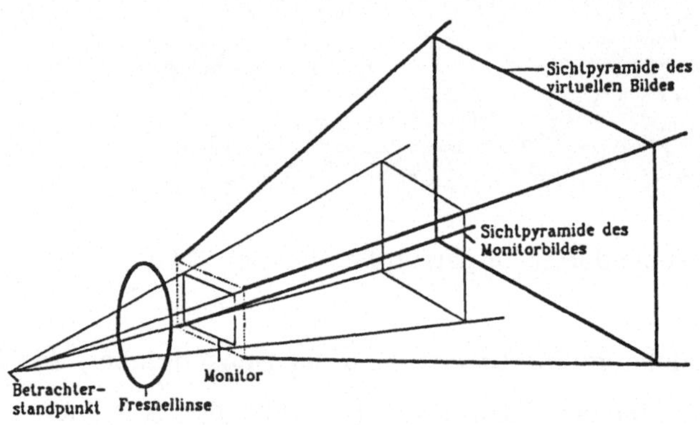

Abb. 5: Sichtverhältnisse der Versuchsanordnung /1/

Die Gegenstandsweite a (Monitor) lag innerhalb der Brennweite f der Linse. Für a < f ergibt die optische Abbildung ein virtuelles Bild im Endlichen (Abb. 5), Bild und Gegenstand liegen vor der Linse.
Zudem wurde eine Bildvergrößerung (virtuelles Bild / Monitor) sowie eine Erhöhung der Bildweite (Abstand zu virtuellem Bild / Abstand zu Monitor) erzielt.

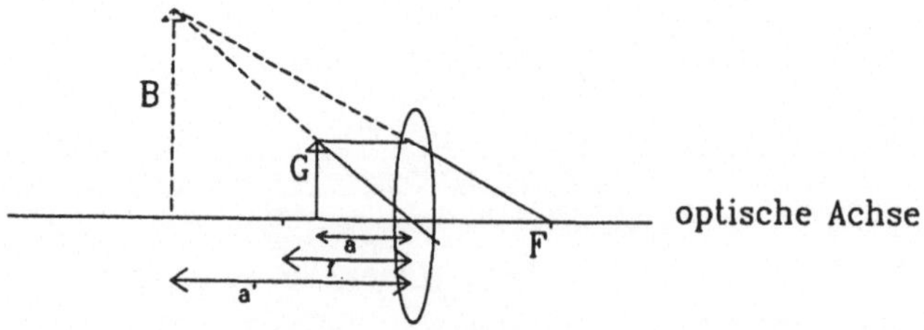

Abb. 6: Optische Abbildung /1/

Der Abstand a zwischen Linse und Monitor (Gegenstandsweite) wurde auf 43 cm gesetzt.
Bei einer Brennweite der Linse von f = 55,8 cm ergibt sich für die virtuelle Bildweite a':

$$a' = \frac{a \cdot f}{f - a} = 187{,}4 \text{ cm}$$

Bei einem gewählten Abstand zwischen Betrachter und Linse von ca. 110 cm bis 125 cm (je nach Sitzhaltung des Betrachters) ergibt sich der Gesamtabstand zwischen Proband und virtuellem Bild von ca. 297 cm bis 312 cm.
Durch die vergrößerte Bildweite wurde die Gefahr einer Verletzung der stereoskopischen Tiefenbedingung umgangen, eine stereoskopische Darstellung von 3m bis ∞ wurde ermöglicht.

Durch die veränderten Abbildungsverhältnisse ergeben sich neue Projektionsverhältnisse. Entsprechend dem Abbildungsmaßstab ß (ß = a'/a = 4,36) wird ein Modell um 1/a verkleinert auf dem Monitor dargestellt. Durch das Vorsetzen der Linse entstehen die richtigen Größenverhältnisse. Die Projektion entspricht somit einer linearen Abbildung auf die fiktive Ebene des virtuellen Bildes und einer von der Gegenstandsweite (a) abhängigen Transformation auf die Monitorebene.

5. Versuchsdurchführung

Begleitend zur Versuchsdurchführung wurde ein Fragebogen verteilt, der zu jedem Testbild zwei Fragen enthielt.
Die Aufgaben der Testreihe bestanden aus einer relativen Tiefenschätzung und einer absoluten Entfernungsschätzung. Bei der relativen Tiefenschätzung sollte die Reihenfolge der vorher angegebenen Testmodelle von vorne nach hinten angegeben werden.
Für die absolute Abschätzung sollte die Entfernung zu einem Modell in Metern angegeben werden.

Die Versuchsreihe wurde mit insgesamt 60 Probanden durchgeführt.
Zur Auswertung der relativen Tiefenabschtzung wurde ein Bewertungsmuster angewandt, das von der Anzahl der richtigen Stellungen der Vergleichsmodelle ausgeht.

Das folgende Beispiel soll das Bewertungsmuster erklären:

richtige Reihenfolge (vorne - hinten) A B C D E
gewählte Reihenfolge B A E C D
Bewertet werden die richtigen Zuordnungen zweier Modelle. Angefangen beim ersten Modell ergeben sich 4 Zuordnungen, beim zweiten Modell ergeben sich 4-1 Zuordnungen usw.
In der vom Probanden angegebenen Reihenfolge steht B vor A, E, C und D, d.h. B steht in der angegebenen Reihenfolge zu C, D und E in der richtigen Position, von den vier möglichen richtigen Zuordnungen ist eine falsch (falsche Zuordnung = Inversion).

B < A, E, C, D => Anzahl der Inversionen = 1 für B < A
A < E, C, D => Anzahl der Inversionen = 0
E < C, D => Anzahl der Inversionen = 2
C < D => Anzahl der Inversionen = 0

Die vom Probanden angegebene Reihenfolge wird mit insgesamt 3 Punkten (= Inversionen) bewertet.

6. Versuchsergebnisse der relativen Tiefenschätzung

Die folgenden Darstellungen geben die Punkt(Inversions-)mittelwerte sowie die Standardabweichungen der relativen Tiefenschätzung jedes Testkriteriums bei einer Probandenzahl von n=60 an.
Ein niedriger Punktwert gibt eine gute Übereinstimmung der vom Probanden angegegebenen Reihenfolge der Vergleichsmodelle mit der richtigen Reihenfolge an.

6.1 Nahbereich I

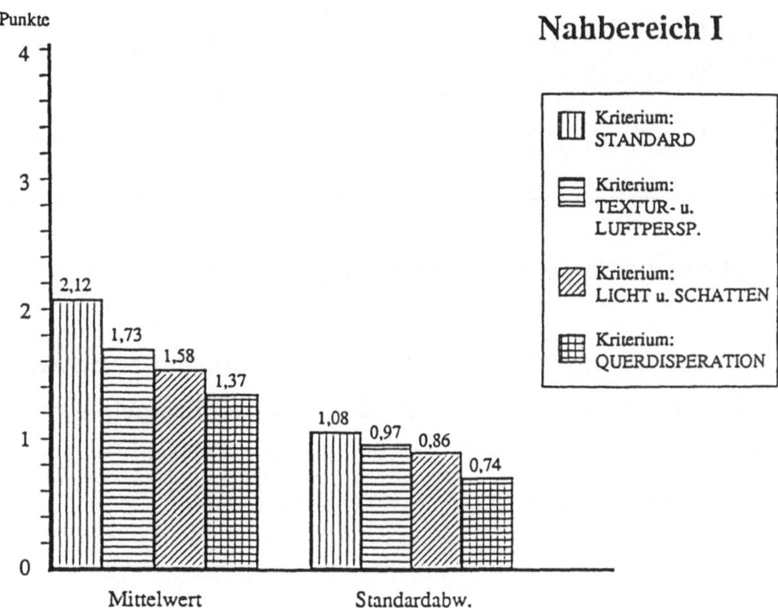

Abb. 7: Ergebnisse der relativen Tiefenschätzung im Nahbereich I /1/

Zur quantitativen Gegenüberstellung der Vergleichskriterien bezogen auf die relative Tiefenwahrnehmung wurde eine absolute und relative prozentuale Bewertung der Tiefenkriterien bestimmt.

Die absolute Bewertung geht davon aus, daß ein Punktmittelwert von 10 einen 100%-igen Fehler bezüglich der relativen Tiefenschätzung der Vergleichsmodelle beinhaltet (ein Ergebnispunktwert von 10 wird genau dann erzielt, wenn die vom Probanden angegebene Reihenfolge zur vorgebenen Reihenfolge vollständig vertauscht ist). Das Ergebnis der Standardkriterien weist somit einen Fehleranteil von 21,2% auf (siehe Abb. 7), die Hinzunahme des Kriteriums Querdisparation ermittelt einen Fehleranteil von 13,7%. Im Vergleich zu den Standardkriterien errechnet sich somit ein absoluter Gewinn von 7,5%.

Setzt man das Ergebnis der Standardkriterien als Referenzgröße an, so läßt sich die Verbesserung der Tiefenschätzung durch die Hinzunahme der Tiefenkriterien darauf beziehen:

	Standard-kriterien	Textur- u. Luftpersp.	Licht u. Schatten	Quer-disparation
absolute % Bewertung	---	3,9	5,4	7,5
relative % Bewertung	---	18,4	25,5	35,4

Tabelle 1: Absolute und prozentuale Bewertung im Nahbereich I /1/

Die statistische Absicherung der Versuchsergebnisse erfolgte durch eine Varianzanalyse, die den Einfluß weiterer Faktoren auf das Versuchsergebnis ermittelt. Sie wies auf dem $\alpha = 5\%$ Niveau nach, daß lediglich die Tiefenkriterien einen statistisch signifikanten Einfluß auf das Versuchsergebnis haben.

6.2 Nahbereich II

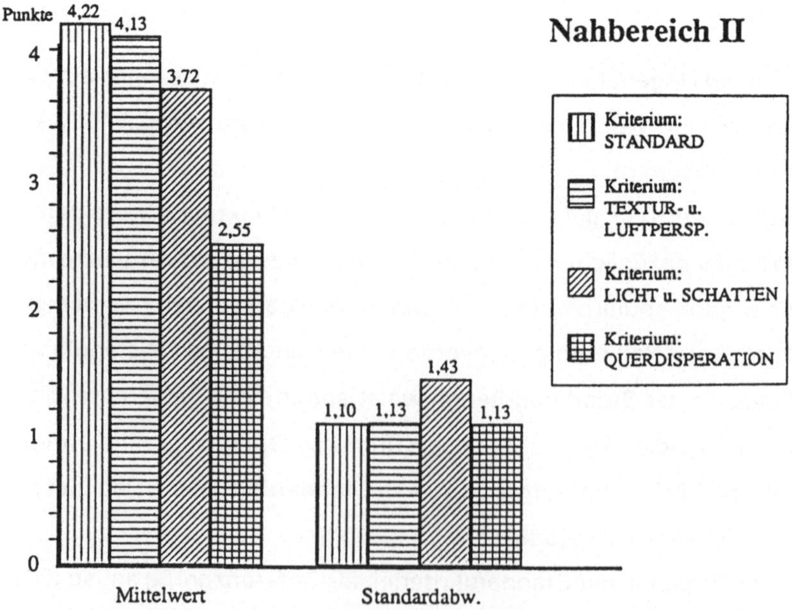

Abb. 8: Ergebnisse der relativen Tiefenschätzung im Nahbereich II /1/

	Standard-kriterien	Textur- u. Luftpersp.	Licht u. Schatten	Quer-disparation
absolute % Bewertung	---	0,9	5,0	16,7
relative % Bewertung	---	2,1	11,2	39,6

Tabelle 2: Absolute und prozentuale Bewertung im Nahbereich II /1/

Die Einzelbetrachtung der möglichen Einflußfaktoren durch die Varianzanalyse ergibt einen eindeutig signifikanten Einfluß der Tiefenkriterien auf das Versuchsergebnis. Ein Einfluß der Versuchsgruppen bzw. der unterschiedlichen Reihenfolgen ist nicht feststellbar.

6.3 Fernbereich

Die ermittelten Versuchsergebnisse im Entfernungsbereich von 600 - 800 m lassen sich nicht auf den Einfluß der untersuchten Tiefenkriterien zurückführen. Die Varianzanalyse ermittelt vielmehr eine statistische Signifikanz der Reihenfolgen der Vergleichsmodelle.

7. Versuchsergebnisse der absoluten Entfernungsschätzung

Die Auswertung der Versuchsergebnisse hat bestätigt, daß eine Verbesserung der absoluten Entfernungsschätzung durch die Hinzunahme der Tiefenkriterien nicht zu erzielen ist; in allen Entfernungsbereichen zeigen die hohen Standardabweichungen, daß die Ergebnisse einen großen Streubereich beitzen und eine Beurteilung einzelner Kriterien nicht zu treffen ist.

In den Abbildungen 8-10 werden die Ergebnisse in den drei Entfernungsbereichen graphisch dargestellt. Der mittlere Istwert (MI) kennzeichnet den Mittelwert der vier vorgegebenen Entfernungen der gefragten Modelle innerhalb eines Entfernungsbereichs.

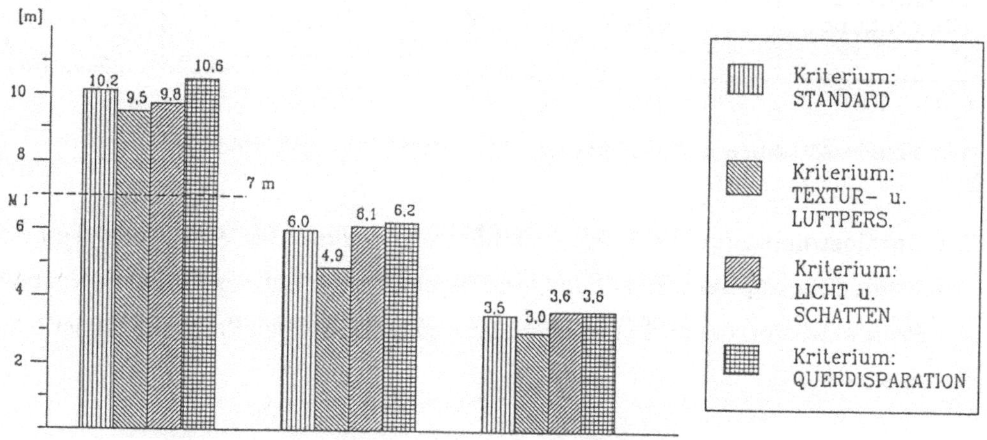

Abb. 9: Versuchsergebnisse der absoluten Entfernungsschätzung im Nahbereich I /1/

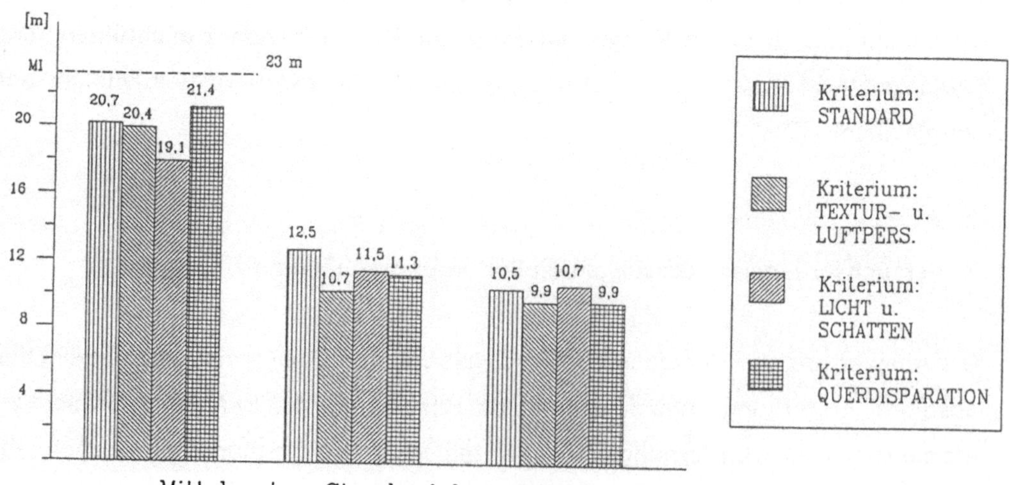

Abb. 10: Versuchsergebnisse der absoluten Entfernungsschätzung im Nahbereich II /1/

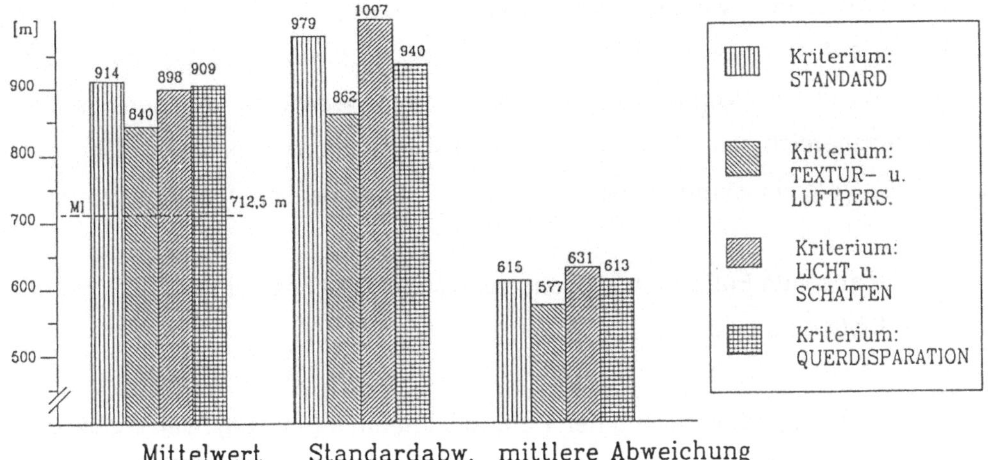

Abb. 11: Versuchsergebnisse der absoluten Entfernungsschätzung im Fernbereich /1/

Im Nahbereich I und im Fernbereich wurden die Entfernungen im Durchschnitt zu groß angegeben, im Nahbereich II zu gering. Die Kenntnis der Größe der dargestellten Objekte scheint das einzige Indiz für die Entfernungsschätzung zu sein.

8. Schlußbemerkung

Die hier dargestellte Untersuchung hat gezeigt, daß bei den in dieser Versuchsreihe geltenden Versuchsvoraussetzungen eine Verbesserung der relativen Tiefenschätzung bei computergenerierten Bildern (Standbildern) durch die Hinzunahme weiterer Tiefenkriterien zu den Standardkriterien zu erzielen ist.

In den Entfernungsbereichen von 6 m - 8 m sowie von 17 m - 29 m wird eine eindeutige Verbesserung der Tiefenschätzung durch eine stereoskopische Darstellung erreicht. Die relative Bewertung des Kriteriums Querdisparation bezogen auf die

Standardkriterien weist eine Verbesserung der Tiefenschätzung von 35,5% bzw. 39,6% auf. Der Vorteil der Kriterien Textur- und Luftperspektive bzw. Licht und Schatten fällt im Vergleich zur Querdisparation wesentlich geringer aus. Im Entfernungsbereich von 600 m - 800 m kann statistisch nicht nachgewiesen werden, daß die Vergleichskriterien einen Einfluß auf die Tiefenschätzung besitzen.

Auf die absolute Entfernungsabschätzung scheint keines der selektierten Kriterien einen Einfluß zu besitzen.

Eine vollständige Beurteilung der Tiefenwahrnehmung bei digitalen Außensichtsystemen beinhaltet einen Vergleich der Bewegungs-kriterien (Bewegungsparallaxe, Bewegungsperspektive). Die Bewegungswahrnehmung ist abhängig von der generierten Landschaft. Eine texturierte Landschaft besitzt viele Elemente, an denen die Bewegung und somit die Tiefe wahrgenommen werden kann. Insofern besitzt die Texturperspektive auf die Tiefenwahrnehmung bei bewegten Bildern einen größeren Einfluß auf die relative Tiefenschätzung als in Standbildern. Die ermittelten Ergebnisse der übrigen Tiefenkriterien erscheinen auf die Tiefenwahrnehmung bewegter Bilder übertragbar zu sein.

9. Literaturverzeichnis

/1/ Pfeffer, D.
Vergleichende Bewertung statischer Tiefenkriterien in computergenerierten Außensichtdarstellungen
VDI-Verlag GmbH, Düsseldorf 1990

Fahrsimulation - Anforderungen an das Sichtsystem

V. Schill, H. Schmieder, E. Skurski
Daimler-Benz AG, Abt. F1M/FF

Abstract: Die Daimler-Benz AG betreibt seit 1985 in Berlin Marienfelde einen Fahrsimulator, der als Entwicklungssimulator für Fahrzeug-Entwicklungsaufgaben und für Untersuchungen zum Fahrerverhalten eingesetzt wird. Neben einem mathematischen Fahrzeugmodell auf einem Realzeitrechner, einem Bewegungssystem, einem Stellkraftsystem und einem Geräuschsystem ist der Daimler-Benz Fahrsimulator auch mit einem aufwendigen Sichtsystem ausgestattet.

Dieses Sichtsystem besteht aus einem Bildrechner und einem Projektionssystem, über das dem Fahrer im Simulator einerseits das Umfeld seines Fahrzeuges, andererseits die versuchsspezifische Aufgabe präsentiert wird.

Anhand einiger ausgewählter Versuche aus den Bereichen

- Straßenentwurf,
- Entwicklung von sicherheitserhöhenden Maßnahmen,
- Untersuchung des Fahrerverhaltens

wird der Daimler-Benz Fahrsimulator kurz vorgestellt. Aus den Anwendungen abgeleitet werden Anforderungen an das Sichtsystem aufgestellt, wobei insbesondere die Punkte

- Erzeugung eines realistischen Fahreindrucks
- Erzeugung eines realistischen Geschwindigkeitseindrucks
- Simulation zusätzlicher optischer Anzeigenkonzepte (z.B. Head-Up-Displays)

eingehender behandelt werden.

Abschließend werden einige zukünftige Möglichkeiten der Fahrsimulation angesprochen, die sich durch die Entwicklungstrends bei den Sichtsystemen eröffnen.

Standardisierung von Datenbasen für Sensorsysteme in Ausbildungssimulatoren der Bundeswehr und das US-Projekt 2851

Dipl. Phys. D. Steinkamp
CCI GmbH, Meppen/Ems

Dipl. Phys. Dr. H. Holthusen
Bundesamt für Wehrtechnik und Beschaffung
Koblenz

Datenbasen für Sensorsysteme (Sicht, Infrarot, Radar, Restlichtverstärkung) zur Ermöglichung direkter oder indirekter visueller Orientierung "in der Außenwelt" in Ausbildungssimulatoren, bzw. die Systeme zur Erstellung/Modifizierung/Korrektur derartiger Datenbasen sind gegenwärtig in der Regel Bestandteil des Lieferumfanges des jeweiligen Simulatorherstellers.

Dies kann -insbesondere unter Berücksichtigung der Tatsache, daß von einem bestimmten Typ eines Ausbildungssimulators oft nur geringe Stückzahlen gefertigt werden- gravierende wirtschaftliche Nachteile sowie technische und ausbildungsrelevante Probleme zur Folge haben:

- kosten- und zeitintensive Mehrfachdarstellung von Datenbasen für ein und dasselbe darzustellende Gebiet.
- nutzerspezifische, systemspezifische, ausbildungsspezifische oder grundsätzliche bilddarstellungsspezifische Ausrichtung bei der Datenbasiserstellung und damit
    * Nichtübertragbarkeit der Datenbasen auf Ausbildungssimulatoren eines anderen Typs, Entwicklungsstandes oder Herstellers (Datenbasen-Inkompatibilität)
    * Übertragbarkeit der Datenbasen nur unter Inkaufnahme gravierender Einbußen in der Ausbildungs-Effizienz/Akzeptanz wegen "unpassender" Datenbasis-Inhalte
- mangelhafte oder nicht vorhandene Korrelation zwischen Datenbasen für unterschiedliche Sensoren (z.B. Sicht/Radar)

- unterschiedliche Datenbasis-Inhalte und damit die Folge der Nichtverträglichkeit/Nichtvernetzbarkeit verschiedener Simulatoren ohne zeit- und kostenintensive Anpassung der Datenbasen
- unterschiedliche Datenformate und damit Nichtverträglichkeit verschiedener Simulatoren aufgrund der Datenbasen
- Mehrfachbeschaffung kostspieliger, nicht kompatibler Datenbasis-Generier-Hard- und Software

Bei der Bundeswehr wird deswegen für die Sensorsysteme von bereits im Einsatz befindlichen, insbesondere aber von geplanten Ausbildungssimulatoren der Aufbau eines alle Anforderungen abdeckenden Standard-Datenpools angestrebt, ebenso wie die möglichst weitgehende Einführung standardisierter Verfahren sowohl für die Aufbereitung von Quelldaten zur Abspeicherung im Standard-Datenpool als auch bei der "Zuschneidung" der für bestimmte Bilddarstellungs- (IG = Image Generator) Systeme benötigten spezifischen Datenbasen aus dem Standard-Datenpool. Bereitstellung, Wartung und Vertrieb der Datenbasen sollte über eine zentrale, truppengattungsübergreifende Organisation erfolgen. O.a. Nachteile könnten auf diese Weise vermindert bzw. sogar völlig vermieden werden; die Herstelleraufwendungen zur Erstellung der für einen speziellen IG benötigten on-line Datenbasis könnten auf ein Minimum reduziert werden.

Im Auftrag des BMVg wird in einer Studie untersucht, welche Anforderungen in Zusammenhang mit einem derartigen Standardisierungsvorhaben zu berücksichtigen sind. Diese Anforderungen werden einerseits durch die Vorstellungen der potentiellen Nutzer bestimmt, andererseits durch die technischen Gegebenheiten der zur Anwendung kommenden IG-Systeme, wobei hier eine besondere Problematik in dem schnellen Tempo der Entwicklung der IG-Systeme liegt, die bereits heute eine Wiedergabe der Umwelt erlauben, wie man sie vor wenigen Jahren noch für unmöglich gehalten hätte. Hieraus resultiert die Notwendigkeit besonders hoher Flexibilität und

Erweiterbarkeit bei der Einführung eines Sensordatenbasen-Standards.

Standard-Datenpool

Die für eine volle Ausnutzung der Möglichkeiten eines IG's des gegenwärtigen Standes der Technik -mit dem, wie o.a. Studie ergibt, die z.Zt. geäußerten Nutzerwünsche durchaus befriedigend abgedeckt werden können-*) bereitzustellenden Daten lassen sich in 5 Kategorien unterteilen:

- Terraindaten (Höhenwerte der Erdoberfläche in einem Koordinatenraster)
- Kulturdaten (Lage und Umrisse von Kulturelementen mit ihren Attributen für die verschiedenen Sensoren (bzw. Zeigern auf entsprechende Texturen))
- statische Modelldaten (Lage und Umrisse zwei oder dreidimensionaler Modelle mit ihren Attributen (bzw. Zeigern auf entsprechende Texturen))
- dynamische Modelldaten (Umrisse dreidimensionaler bewegter Modelle mit ihren Attributen (bzw. Zeigern auf entsprechende Texturen))

*) Es ist klar, daß, wenn eine noch weitergehende Realitätstreue in der Bilddarstellung technisch möglich ist, diese auch gefordert werden wird.

- Texturdaten (In einem "Texel"-Raster abgespeicherte "Muster", manuell, mit math. Algorithmen oder aus Photos erzeugt. Jedem Texel sind spezielle Eigenschaften zugeordnet.)

Die Anforderungen aller in o.a. Studie bislang untersuchten IG-Systeme der relevanten Hersteller werden durch diese 5 Daten-Kategorien grundsätzlich abgedeckt; Unterschiede ergeben sich lediglich in den Anforderungen an die Substruktur der einzelnen Kategorien, z.B. daß innerhalb der Kulturdaten andere oder zusätzliche Attribute verlangt werden, daß innerhalb der Texturdaten Texel mit unterschiedlichen Informationen zu belegen sind oder daß Daten mit unterschiedlichen Genauigkeiten bzw. Genauigkeits-Auflösungs- oder Detaillierungsstufen abzulegen sind.

Zur Zeit bereits diskutierte technische Weiterentwicklungen, z.B. bei der on-line-Berechnung und -Darstellung dynamischer Effekte, würden ebenfalls lediglich in Änderungen der Substruktur der o.a. Datenkategorien resultieren.

Ein Standard-Datenpool muß folglich die erwähnten Datenkategorien in einer Weise enthalten, die Änderungen bzw. Ergänzungen der Substruktur a priori zuläßt. Es ist jedoch auch die Möglichkeit des Einfügens völlig neuer Datenkategorien vorzusehen.

Datengenerierung

Hinsichtlich der Datengenerierung und Handhabung zur Populierung eines Standard-Datenpools sind Standard-Vorgehensweisen zu definieren, die den Zugriff auf bereits bestehendes digitales Quelldatenmaterial, z.B.

- DMA-DFAD/DTED

- TOPIS und weitere digitale kartographische Daten
- bereits existierende Sensordatenbasen
- digitalisierte Bilder/Photos in den gängigen Formaten
- digitale Modelldaten

und sonstiges potentielles Material in analoger Form, wie

- Karten
- Zeichnungen
- Luftbilder/Satellitenbilder (multispektral)
- sonstige Photos/Bilder

zur Erzeugung der benötigten Datenkategorien erlauben. Einzubinden sind hier Software-Module zur

- Datenauswahl/Filterung/Identifizierung/Zuordnung
- Datenverbesserung/Anpassung (z.B. Ergänzungen oder auch Vereinfachungen für unterschiedliche Dataillierungsstufen (LOD's), Überprüfen und u.U. Ersetzen von Attributen)
- Datenvalidierung (autom. Korrekturen, Protokollierung korrigierter/nicht korrigierter Fehler)
- Daten-Update-Hilfe (Editieren, Verifizieren, Protokollieren)
- interaktiven Datenhandhabung (manuelle Modifikation/Hinzufügung/Entfernung/ Attributvorgabe)
- Datenformatierung und Abspeicherung im Standard-Datenpool

Hinzu kommen u.U. -im Zusammenhang mit der automatischen/teilautomatischen Datenerzeugung aus Photos (im wesentlichen Luft- und Satellitenaufnahmen)- Module zur

- Rauschbereinigung
- Spektralfilterung
- Farbkorrektur bzw. Anpassung/Kontrastverstärkung
- interaktiven Entfernung/Hinzufügung/Korrektur von Objekten, Verbindungspunkten und Kontroll-/Pass-Punkten

- Orthorektifizierung/Geopositionierung (-> Texelgröße und Koordinaten)
- monoskopischen oder stereoskopischen Elevationsbestimmung
- "tiling"
- "feature"-Extraktion
- Datenkompression

Für viele der hier angesprochenen Themen und Bereiche existiert bereits Software bzw. befindet sich bei verschiedenen Firmen/Institutionen in Entwicklung. Dies ist bei Überlegungen zur Einführung von Verfahren zur Datengenerierung für einen Standard-Datenpool zu berücksichtigen.

Datenaufbereitung

Die Erstellung der letztlich für einen bestimmten IG erforderlichen on-line Datenbasis kann prinzipiell mittels der Daten aus dem Standard-Datenpool "direkt" erfolgen; zumindest ist hierzu in jedem Fall eine entsprechende Schnittstelle vorzusehen. Darüber hinaus sind jedoch Standard-Verfahren in Betracht zu ziehen, die unter Einbeziehung nutzerspezifischer Vorgaben eine weitergehende Aufbereitung der Daten des Standard-Datenpools zu sog. "nutzerspezifischen" Sensordatenbasen ermöglichen, deren Konvertierung zur on-line Datenbasis nur noch minimalen Aufwand bedeuten sollte.

Durch den Nutzer wählbar können z.B. sein:

- "Erdmodell" und Koordinatensystem
- Lage und Größe des darzustellenden Gebietes
- Anzahl und Genauigkeit der Detaillierungsstufen (Terrain/Kultur/Textur)
- Polygonisiertes- oder Gitter-Terrain

- einzubindende/auszuschließende Modelle
- Systemvorgaben/Grenzen (z.B. Anzahl Polygone, max. Zahl Ecken pro Polygon usw.)

In diesem Zusammenhang wären Software-Module zur

- Extraktion der benötigten bzw. gewünschten Daten aus dem Standard-Datenpool
- Transformation der Daten in das gewünschte Koordinatensystem
- Terrain-Triangulierung/Polygonisierung
- Herstellung der gewünschten Detaillierungsstufen
- interaktiven Kontrolle/Modifikation/Verbesserung (z.B. Einbringen nutzerspez. Modelle)
- Formatierung und Abspeicherung in der nutzerspezifischen Datenbasis

vorzusehen.

Das US-Projekt 2851

In den USA wird unter der Bezeichnung "Projekt 2851" ein Standardisierungsvorhaben der beschriebenen Art bearbeitet [1], [2]. Auftraggeber ist das US-Verteidigungsministerium. Hauptauftragnehmer ist die Firma PRC in McLean. Projekt 2851 besteht aus mehreren Software-Paketen und Dateien (s. Abb. 1). Das erste Softwarepaket (DBGMP = Data Base Generation/Modification Program) dient der automatischen und/oder manuell-interaktiven Generierung von Daten für die SSDB (Standard Simulator Data Base), den eigentlichen Standard-Datenpool, aus "herkömmlichen" Datenquellen wie z.B. DMA-DFAD/DTED. Ein zweites Software-Paket, das sog. CIMP (Cartographic Imaging Modeling Program), dient ebenfalls zur Erzeugung von Daten für die SSDB, verarbeitet hierbei jedoch multispektrale Luftbilder/photos, und dient insbesondere der

Bereitstellung von Texturdaten, speziell Phototextur. Ein drittes Software-Paket, das sog. CDBTP (Common Data Base Transformation Program) dient unter Einbeziehung entsprechender Eingabedaten zur Herstellung nutzerspezifischer Datenbasen, sog. GTDB's (Generic Transformed Data Bases) aus der SSDB. GTDB's sind das eigentliche Endprodukt des Projekts 2851. Hiermit sollen Nutzer in die Lage versetzt werden, unter Verwendung selbst zu erstellender sog. "Formatter"-Programme mit relativ geringem Aufwand die letztlich benötigten on-line Datenbasen zu erstellen. Ein viertes Software-Paket dient dem Konfigurationsmanagement (CMP = Configuration Management Program). Entsprechende Informationen werden in der sog. CMDB (Configuration Management Data Base) abgelegt.

Eine spezielle Schnittstelle (SIF = Standard Interchange Format) soll den direkten Zugriff auf die Daten der SSDB erlauben, umgekehrt sollen über das SIF jedoch auch bereits bestehende Daten in die SSDB übertragen werden können. (Hierzu werden in der Regel wiederum spez. "Formatter"-Programme zu erstellen sein).

SSDB und GTDB enthielten gemäß des ursprünglichen 2851-Konzeptes - die Verwendung von Texturen setzte sich erst Ende der 80er Jahre durch - lediglich Terrain-, Kultur- und Modelldaten, wobei 3D-Modelle zunächst nur in Form von CSG (Constructive Solid Geometry) - Kommandos gespeichert wurden.

Zwischenzeitlich wurden die Strukturen sowohl der SSDB als auch der GTDB hinsichtlich Integration von Texturdaten überarbeitet [3], [4]. Texturen können in der SSDB in drei Entwicklungsstufen

1.) Rohbilder im Originalformat (z.B. SPOT), mit Kontroll- und Passpunkten

2.) Rohbilder mit radiometrischen Korrekturen, Bildbereinigungen

3.) orthorektifizierte, geopositionierte, mosaikähnlich in "tiles" angeordnete Bilder

abgespeichert werden. In einer GTDB können ebenfalls diese drei Stufen und zwei weitere, nämlich

4.) wie 3.) aber in Nutzerkoordinatensystem transformiert

5.) wie 3.) oder 4.), aber mit Verarbeitungshinweisen, wie die Textur auf Polygonen aufzubringen ist,

angefordert werden.

Die Abspeicherung der Stufen 2.) und 3.) erfolgt in einem vereinfachten NITF-Format (National Imagery Transmission-Format) [5], in Stufe 4.) und 5.) im vollen NITF-Format. In den Stufen 2.) bis 5.) ist hierbei eine Datenkompression vorgesehen.

Weiterhin wurden SSDB und GTDB so erweitert, daß nunmehr auch 3D-Modelle in polygonisierter Form abgespeichert werden.

Diese umfangreichen Modifikationen, die der Hinzufügung völlig neuer Datenkategorien (s.o.) entsprechen, wurden in der vergleichsweise kurzen Zeitspanne von ca. einem Jahr durchgeführt, ein Beweis für die hohe Flexibilität des Projekts 2851.

Die Prototypentwicklung von Projekt 2851 wurde im Mai 1991 abgeschlossen. Die grundsätzliche Funktion der Software-Pakete zur "herkömmlichen" Datengenerierung (DBGMP), Datenaufbereitung (CDBTP) und zum Konfigurationsmanagement (CMP) wurde nachgewiesen, der Standarddatenpool (SSDB) wurde - zunächst ohne Texturdaten und lediglich mit Daten geringerer Auflösung und Genauigkeit für einige "Testgebiete" in den USA - realisiert; mehrere nutzerspezifische Datenbasen (GTDB's) wurden hieraus erzeugt und von den entsprechenden Herstellern erfolgreich mittels Formatter-Programmen in online Datenbasen umgewandelt und auf den jeweiligen IG dargestellt.

Die sog. "Full-Scale-Development"-Phase mit Fertigstellung des CIMP-Softwarepaketes, den noch erforderlichen Modifikationen des CDBTP-Softwarepaketes zur Texturverarbeitung, der Fertigstellung der "Zweibahn"-SIF-Schnittstelle sowie den Funktionstests des Gesamtsystems soll Ende 1992 mit dem Übergang in eine vorläufige Produktionsphase bei der PRC abgeschlossen werden. Anfang 1994 soll eine spezielle Organisation bei der DMA (Defense Mapping Agency) in St. Louis die endgültige Produktion aufnehmen.

Projekt 2851 hat aufgezeigt, daß eine Standardisierung von Sensordatenbasen zur Außenweltdarstellung grundsätzlich möglich ist. Die Funktion standardisierter Verfahren zur Datengenerierung und Aufbereitung wurde in wesentlichen Teilbereichen nachgewiesen. Dem Funktionsnachweis des Gesamtsystems kann mit Optimismus entgegengesehen werden.

Die Anforderungen an einen Sensordatenbasenstandard sowohl seitens der relevanten Hersteller als auch seitens der Bundeswehr werden durch das Projekt 2851 weitestgehend abgedeckt [2]; neuere Simulatoren der Bundeswehr werden daher schon mit der Auflage der 2851-Kompatibilität in Auftrag gegeben. Im Rahmen eines Simulatorprojektes der Luftwaffe wird zur Zeit geprüft, ob und unter welchen Bedingungen die Bundeswehr wesentliche Teile der 2851-Software zur Nutzung übernehmen kann und wo eine zentrale, teilstreitkräfteübergreifende Organisation zur Herstellung und Verwaltung der standardisierten Datenbasen geschaffen werden sollte.

[1] CCI-Studie "Standardisierung von Datenbasen zur Außenweltdarstellung", (Teil 1 und Teil 2)
29.01.1990
BMVg-RüDV2 T/R920/I0004

[2] CCI-Studie "Standardisierung von Datenbasen zur Außenweltdarstellung"
Abschlußbericht 1990
05.02.1991
BMVg-Rü T III 4
T/R 920/I0004

[3] PRC-RRDB-DBDD-3
Data Base Design Document (DBDD)
Generic Transformed Data Base (GTDB)

CDRL 1033
April 1991

[4] PRC-RRDB-DBDD-4
Data Base Design Document (DBDD)
Generic Transformed Data Base (GTDB)
CDRL 1033
April 1991

[5] National Imagery Transmission Format (NITF)
Version 1.1
DDM-2600-6322U-90
June 1990
Defense Intelligence Agency

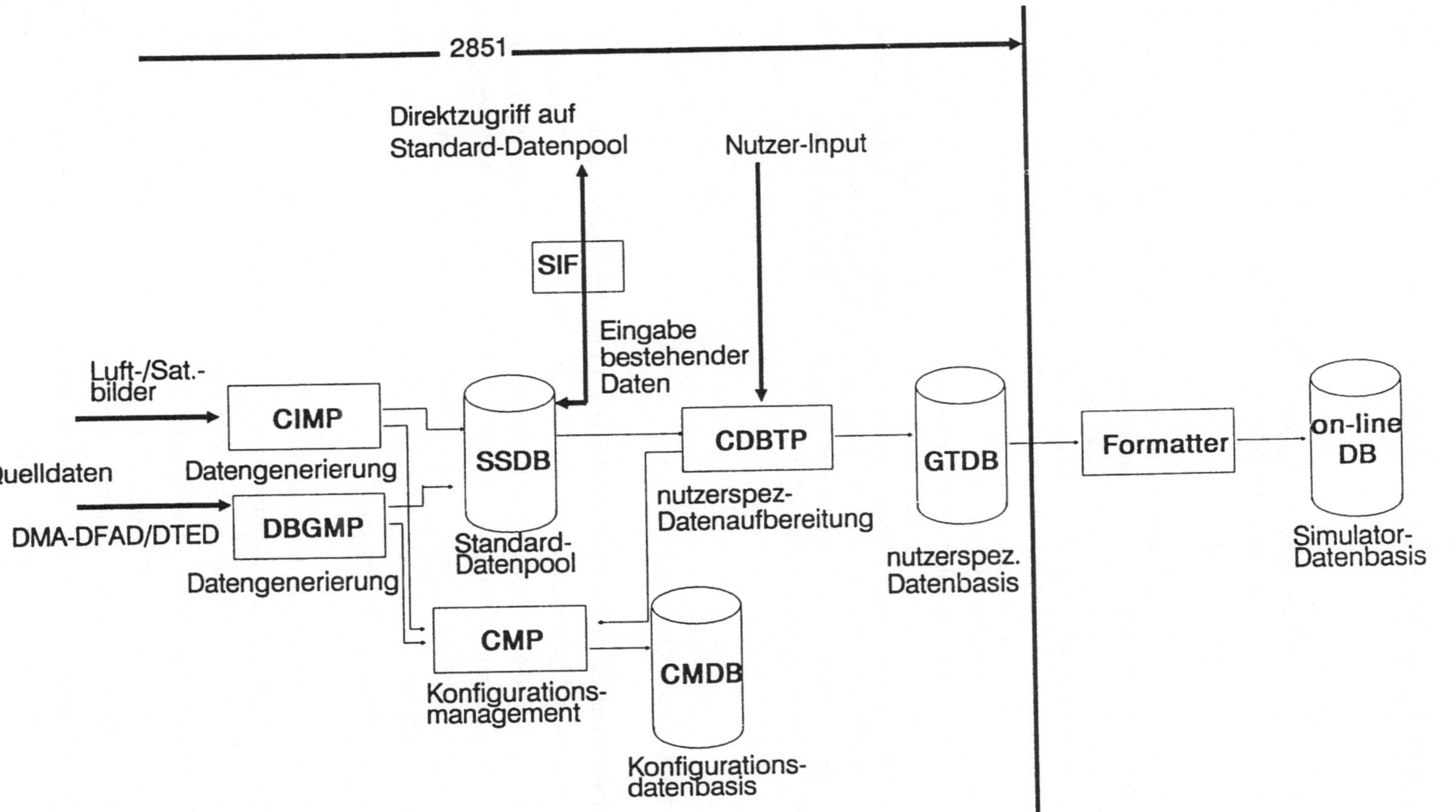

Abb. 1: Projekt 2851; Funktions-Schema

Einsatzmöglichkeit massiv-paralleler Rechner in der Sichtsimulation

Reinhard Möller
Bergische Universität GH Wuppertal
Gausstraße 20, D-5600 Wuppertal 1

Abstract: Die heutige Sichtsystemtechnik ist in der Regel auf die klassische Architektur graphischer Systeme angepaßt. Die einzelnen Aufgaben der Visualisierung werden in einer Pipeline abgehandelt. Innerhalb der einzelnen Stufen erfolgt nach den Möglichkeiten der Hardware eine Parallelisierung.
Da augenblicklich zunehmend sogenannte massiv-parallele Rechnersysteme auf dem Markt erscheinen, stellt sich die Frage, ob diese Rechnerarchitektur auch in der Sichtsystemtechnik anwendbar ist.
Nach einer Übersicht über die traditionellen Verfahren der Realzeit-Graphiksysteme werden die Architektur und Kommunikationsmechanismen der Connection Machine beschrieben, eines massiv-parallelen Rechnersystems, welches seit September 1990 an der Universität in Wuppertal installiert ist.
Abschließend werden die Einsatzmöglichkeiten der Connection Machine im Bereich der Sichtsimulation beschrieben.

1. Traditionelle Sichtsystem-Architektur

In der Sichtsystemtechnik wie auch in der übrigen Computer-Graphik wird das graphische System in Form einer Pipeline realisiert. Dies ist eine Folge der großen Datenmenge von Bildelementen (Pixel), die in einer möglichst kurzen, bei Sichtsystemen sogar festgelegten Zeit erzeugt oder manipuliert werden muß: Während bei einer graphischen Workstation die Antwortzeiten (Bildaufbauzeiten) für eine ergonomisch akzeptable Interaktion unter einer Sekunde liegen, muß die bildliche Reaktion des Realzeitsichtsystems für einen Flugsimulator im Bereich einiger Millisekunden erfolgen.

Die vier wesentlichen Komponenten der graphischen Pipeline sind der Modellprozessor, der Geometrieprozessor, der Beleuchtungsprozessor und der Zeichenprozessor. Der *Modellprozessor* verwaltet die Objektdatenbasis sowie die beweglichen und festen Koordinatensysteme, steuert die Datenflüsse in der gesamten Pipeline und kommuniziert mit einem eventuellen übergeordneten Rechnersystem. Der *Geometrieprozessor* führt die notwendigen räumlichen und planaren geometrischen Transformationsrechnungen einschließlich der perspektivischen Projektion durch, bearbeitet die im 3D-Raum lösbaren Verdeckungsprobleme und die Clipping-Aufgabe. Der *Beleuchtungsprozessor* arbeitet im Bildraum und ermittelt zu den in der vorherigen Stufe berechneten Polygonflächen die entsprechenden Attribute/Attributverweise wie Farbe oder Texturzeiger. Der *Zeichenprozessor* erledigt die Rasterkonvertierung. Er berechnet aus den Polygon- oder Polygonabschnitt-Beschreibungen die in den Framebuffer potentiell einzutragenden Pixelattribute. Ein spezieller Bedeckungs- und/oder Verdeckungsalgorithmus entscheidet, ob die Pixelinformation tatsächlich in den Framebuffer eingetragen wird.

Eine detaillierte Betrachtung, welche Teile der graphischen Pipeline auf welche Weise sinnvoll parallelisiert werden können, findet sich in /90.MÖLLER/. Es zeigt sich, daß eine massive Parallelisierung zunächst hauptsächlich bei den Berechnungen im Bildraum (das heißt: auf Pixelebene) sinnvoll scheint. In /89.IITSC/ werden zum Beispiel der Beleuchtungsprozessor und der Zeichenprozessor zusammengefaßt und drei unterschiedliche Parallelisierungsverfahren betrachtet (**Bild 1**):

- Parallel-Pixel Processing,
- Parallel-Scanline Processing,
- Parallel-Polygon Processing.

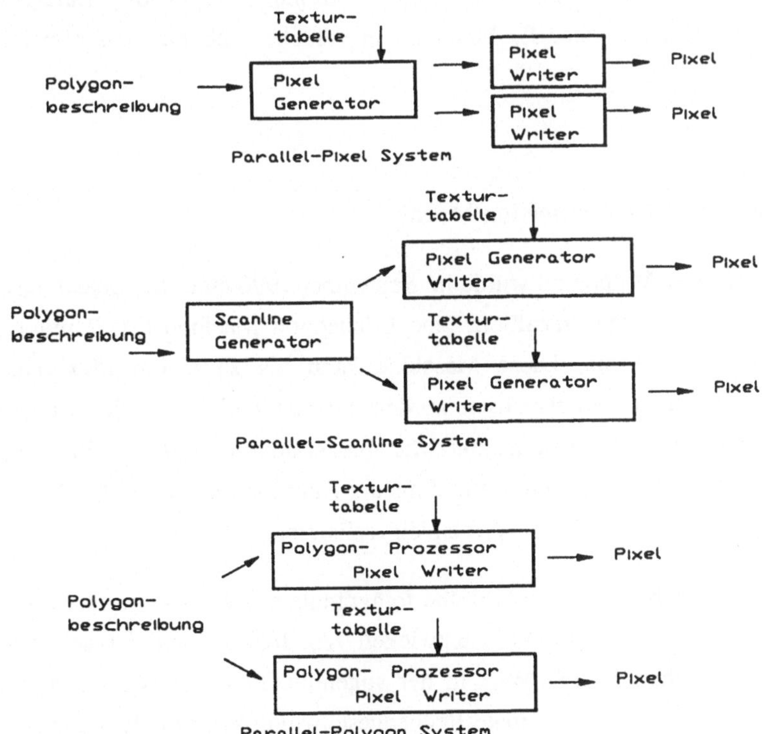

Bild 1: Mögliche Ansätze zur Parallelisierung

Das *Parallel-Pixel Processing* System erzeugt die Pixel sequentiell, parallelisiert jedoch den Eintrag in den Framebuffer (Beispiel: STAR Graphicon). Dies ist sicher das langsamste Verfahren.

Der *Parallel-Scanline Processor* berechnet die Rasterzeilen-Abschnitte (Spans) sequentiell und verteilt diese an mehrere parallel arbeitende Pixel-Prozessoren (Beispiel: Silicon Graphics IRIS). In diesem Falle wird die Pixelerzeugung erheblich beschleunigt. Einfache polygonal berandete Flächen können unter Verwendung einer Schattierungsinterpolation dargestellt werden. Es entsteht allerdings ein Datenübertragungs-Engpaß ("bottleneck") zwischen dem Scanlineprozessor und den Pixelprozessoren, da neben den geometrischen Informationen für jedes Span Texturzeiger und Beleuchtungswerte weitergegeben werden müssen. Dies ist besonders bei sehr vielen kleinen Polygonen signifikant.

Der *Parallel-Polygon* - Ansatz (Beispiel: AT&T Pixel Machine) vermeidet den genannten Engpaß dadurch, daß ein Pool parallel arbeitender Polygon-Prozessoren direkt alle Pixelberechnungen einschließlich der Texturüberdeckung durchführt.

Die praktischen Realisierungen aller drei Konzepte sind in die Kategorie "moderate Parallelisierung" einzuordnen. Es bleibt zu untersuchen, ob ein massiv-paralleles System weitere Vorteile bringt.

2. Architektur der Connection Machine

An der Universität in Wuppertal wurde im September 1990 eines der ersten massiv-parallelen Rechnersysteme in Europa installiert: eine Connection Machine CM-2 mit mehr als 8000 physikalischen Prozessoren. Diese Maschine kann bis zu einem Maximum von 65536 physikalischen Prozessoren aufgerüstet werden, die alle zeitlich parallel zueinander arbeiten. Die Systemarchitektur der Connection Machine erlaubt es, eine vielfach höhere Menge virtueller Prozessoren zu definieren. Im Sinne der Klassifikationen in /90.MÖLLER/ ist somit das Konzept "1 Prozessor je Pixel" prinzipiell realisierbar.

Die Connection Machine ist eine typische feingranulare SIMD-Maschine. Sie wurde in den Jahren 1983-1984 von W.D. Hillis entwickelt /85.HILLIS/ und ist seit 1987 als CM-2 kommerziell verfügbar /91.TREW/. In der augenblicklichen Entwicklungsstufe kann eine voll ausgebaute CM-2 eine maximale Rechengeschwindigkeit von 10 GFlops erreichen. Sie besitzt einen Hauptspeicher von 8GByte und einen Massenspeicher von maximal 60GByte Kapazität /90.TMC/. Diese Maschine besteht aus maximal 8 Blöcken, die jeweils eine eigene

Verwaltungseinheit, zwei Datenschnittstellen und maximal 8192 physikalische Prozessoren beinhalten.

Die parallelen Prozessoren sowie deren Kommunikation untereinander werden durch einen sogenannten Frontend- Rechner gesteuert. Im vorliegenden Fall ist dies eine SUN-Workstation 4/490, die über eine Schnittstelle (FEBI, *F*ront *E*nd *B*us *I*nterface) an ihrem System-Speicher-Bus direkt mit der Connection Machine verbunden ist. Praktisch bedeutet dies, daß ein Connection Machine- Programm auf dem Frontend-Rechner läuft, der die CM-2- Makroinstruktionen wie bei einem Koprozessor an einen sogenannten Sequencer weiterleitet. Der Sequencer analysiert die Makro-Befehle und sendet die entsprechenden "Nano-Instruktionen" gleichzeitig an alle relevanten Prozessoren der Connection Machine.

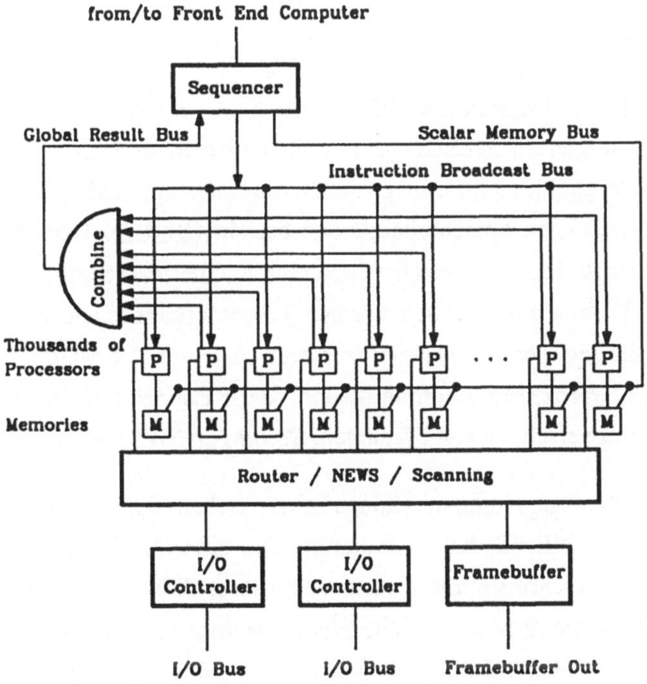

Bild 2: Aufbau der Connection Machine CM-2

Die Datenübertragung zwischen Frontend-Rechner und Connection Machine erfolgt organisatorisch auf drei verschiedenen Wegen: *Broadcasting*, *Global Combining*, und *Scalar Memory Bus*. Die ersten beiden Übertragungsoperationen sind parallel: Verteilen an alle Datenprozessoren und Einsammeln von allen Datenprozessoren unter gleichzeitiger Manipulation der ankommenden Daten durch den Frontend-Rechner. Die Scalar Memory

Bus- Operation erlaubt den gezielten Datenaustausch des Frontend-Rechners mit nur einem einzigen Datenprozessor.

Die Verknüpfung des Frontend-Rechners mit der Connection Machine wird durch parallelisierende Compiler unterstützt. Es handelt sich hierbei um erweiterte Hochsprachen-Compiler wie zum Beispiel C* und CM Fortran, die neben den gewöhnlichen Sprachkonstrukten und Datentypen auch parallele Elemente enthalten.

Der innere Aufbau der Connection Machine wird in **Bild 2** gezeigt. Der Kern des Rechners wird durch eine Matrix gleichartiger Ein-Bit-Prozessoren gebildet, jeder für sich mit einem privaten Speicher ausgerüstet und untereinander durch ein Netzwerk konfigurierbarer Verbindungsleitungen verknüpft. In der vorliegenden Konfiguration ist jedem Prozessor ein Speicher von 256 KBit zugeordnet, was bei 8000 Prozessoren ca. 256 MByte Gesamtspeicherinhalt bedeutet.

Jeweils 32 physikalische Prozessoren (PP) bilden einen *Knoten* (Data Processing Node), welcher aus zwei integrierten *Prozessor-Bausteinen* (Processor Chips), einer Gleitkomma-Recheneinheit (Floatingpoint Chip) mit spezieller Adressierlogik (SPRINT chip) und den für die Prozessoren notwendigen Speicherbausteinen besteht (**Bild 3**). Jeder Prozessor-Baustein enthält 16 Datenprozessoren, eine Speicher- und eine Sequenzer-Schnittstelle, 12 Hypercube-Leitungen für die Verbindung mit den übrigen Prozessorbausteinen sowie einen internen Router zur Adressierung der 16 Datenprozessoren und zur Verwaltung der Hypercube-Leitungen. Die Interprozessor-Kommunikation der Connection Machine erfolgt im wesentlichen nach drei verschiedenen Methoden: *Routing*, *NEWS* und *Scanning*.

Die einfachste und schnellste Kommunikationsform innerhalb der Connection Machine ist die "Next Neighbour"- oder NEWS- Kommunikation. Die gitterförmig miteinander verknüpften Prozessoren tauschen gleichzeitig mit jeweils einem ihrer direkten Nachbarn Nachrichten in einer vorgewählten Richtung aus. Im Falle eines zweidimensionalen Gitters sind dies vier Nachbarn: *N*orth, *E*ast, *W*est, *S*outh, die Connection Machine CM-2 erlaubt jedoch die software-gesteuerte Konfiguration von Gittern der Dimension 1 bis 31. Die konfigurierten Prozessorstrukturen werden auch als *Geometrien* oder *Orderings* bezeichnet.

Mit der NEWS- Kommunikation entfällt die Notwendigkeit, eine Prozessor-Zieladresse zu spezifizieren. Die Nachrichtenübertragung erfolgt kollisionsfrei, da alle Prozessoren in der gleichen Richtung übertragen. Eine zweidimensionale Verbindungsstruktur eignet sich zum Beispiel gut für Aufgaben aus der Bildverarbeitung. Hier ist jedem Bildelement je eine

Prozessor-Einheit (PE) zugeordnet so daß mit einem einzigen Befehl gleichzeitig alle Pixel bearbeitet werden können.

Die Anordnung der Prozessoren in einem NEWS-Gitter ermöglicht auch das Scanning. Hier werden Kommunikation und arithmetische Operationen miteinander verknüpft. Scanning erlaubt zum Beispiel, gleichzeitig innerhalb einer NEWS-Achsenrichtung den größten Wert eines Datenvektors, eine Zeilensumme oder das Bit-Produkt zu berechnen, indem alle Prozessoren einer Reihe das Ergebnis ihrer Operation an ihren jeweiligen nächsten Nachbarn weitergeben. Der gleiche Kommunikationstyp ist das *Spreading*, welches die Verteilung eines Wertes aus einem Prozessor an alle anderen Prozessoren einer NEWS-Zeile ermöglicht. Auf diese Weise kann ein Wert innerhalb von 75 Schritten auf alle Prozessoren einer CM-2 verteilt werden /90.TMC/.

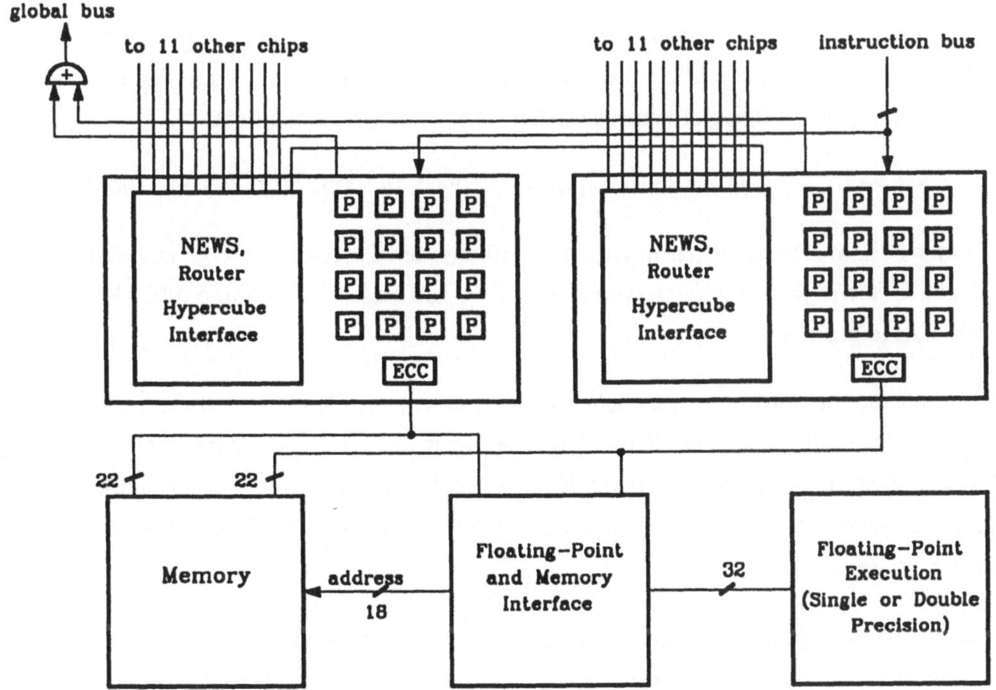

Bild 3: Aufbau eines Prozessor-Knotens

Eine weitere Kommunikationsform, das *Routing*, wird durch die Hypercube-Topologie ermöglicht. Die Zahl verknüpfbarer Prozessoren steigt exponentiell mit der Zahl der verfügbaren Leitungen zu einem einzelnen Prozessor (oder Knoten). In der Connection Machine CM-2 sind die Prozessor-Bausteine in Form eines 12-dimensionalen Hypercubes verknüpft. Eine voll ausgebaute CM-2 ist deshalb mit einem Hypercube-Netzwerk aus 4096 16-Bit-Prozessoren (*Router-Knoten)* vergleichbar.

Das einfache Adressierungsschema des *Routers* innerhalb des Hypercube ermöglicht eine schnelle Verbindung zwischen beliebigen Router-Knoten. Die Zahl der alternativen Wege zwischen Router-Knoten ist gleich der Dimension des Hypercube. Damit ist wiederum eine nebenläufige Kommunikation möglich, das heißt, jeder Prozessor der Connection Machine kann *im Prinzip gleichzeitig* mit jedem anderen Prozessor Nachrichten austauschen oder auf eine beliebige Speicherzelle der CM zugreifen. Praktisch wird die Nachricht so lange von einem Router-Knoten zum nächsten transportiert, bis der gewünschte Router-Knoten erreicht ist.

Die Connection Machine läßt sich in eine Anzahl *virtueller Prozessoren* aufteilen, die ein Vielfaches der Zahl der physikalischen Prozessoren darstellt. Jede Speicherdeklaration paralleler Variablen entspricht der Definition einer adäquaten Anzahl virtueller Prozessoren. Dies sei am folgenden Beispiel von sechs FORTRAN-Arrays verdeutlicht:

A(64000), **B**(64000), **C**(64000), **D**(1000,1000), **E**(1000,1000), **F**(1000,1000).

Auf einer 64K-Maschine liegen in jedem Physikalischen Prozessor (PP) je ein Element von **A**, **B** und **C** sowie je 16 Elemente von **D**,**E** und **F**. Ein Rest von (65536-64000) PP bleibt in diesem Fall ungenutzt.

Man bezeichnet die Arrays als parallele Variable, da entsprechend der Intention einer SIMD-Maschine die Ausführung von **C**(i) = **B**(i) + **A**(i) für alle i innerhalb eines Schrittes erfolgt (Die Schreibweise ist dementsprechend: **C** = **B**+**A**). Die Operation **F** = **D** + **E** heißt ebenfalls parallel, da sie durch 16 virtuelle Prozessoren je PP bearbeitet wird (Dies bedeutet praktisch natürlich 16 Zeitschritte).

Die 2 bis 16 Hochgeschwindigkeits-Schnittstellen der Connection Machine eignen sich für die Datenspeicherung (CMIO) oder die graphische Ausgabe von Pixeln (framebuffer I/O) direkt aus dem Hypercube. Diese Schnittstellen werden paarweise je Block kontrolliert, und es kann immer nur ein Kanal eines Paares zu einer Zeit aktiv sein. Jede Schnittstelle ist über 256 Leitungen mit der entsprechenden Anzahl Prozessor-Chips verbunden.

Die Einheit: "framebuffer I/O-module" befindet sich innerhalb der CM und kann mit Datenraten bis zu maximal 40 MByte/s betrieben werden. Zum Betrieb des Framebuffer ist jeweils ein Sequencer oder Buffer-Board notwendig. Der Framebuffer besteht aus drei

Speichern je 8 Bit Breite (R,G,B) und einem Speicher je 4 Bit Breite (Overlay) und umfaßt 2048*1024 Pixel (Bildschirmgröße normalerweise 1280*1024 Pixel).

Jedes "CMIO-module" kann bis zu 15 externe Geräte über einen lokalen 72-Bit-Bus (64 Bit Nutzdaten, 8Bit Parity) mit Daten versorgen. Üblicherweise wird über diese Schnittstelle ein Plattenpool (DataVault) mit der Connection Machine verbunden.

3. Einsatzmöglichkeiten einer Connection Machine in der Sichtsimulation

Aus der Beschreibung der Architektur der Connection Machine ist erkennbar, daß sich deren feingranulare, massiv-parallele Struktur gut für die Aufgaben des Zeichenprozessors und relativ gut für die Aufgaben des Beleuchtungsprozessors eignen kann. Das Prinzip des *distributed framebuffer*, wie in den Konzepten von Fuchs und anderen vorgestellt /77.FUCHS/, ist ein ideales Anwendungsbeispiel zur Implementation des Zeichenprozessors auf einer SIMD-Maschine wie der CM-2. Es ist jedoch ebenfalls erkennbar, daß die prinzipielle Architektur einer graphischen Pipeline weiterhin erhalten bleibt. Die Abgrenzung der einzelnen Pipeline-Stufen wird jeweils durch den Übergang von einer auf die nächste Netz-Geometrie, entsprechend der jeweiligen Berechnungsaufgabe, verdeutlicht.

Ein wesentliches Problem ist die Datenübertragung zum Framebuffer. Die theoretische Datenrate von 40 MByte/s ist nur realisierbar, wenn "fertige" Bilder vom DataVault abgerufen und dargestellt werden können. In jedem anderen Fall ist die gewählte Kommunikationsart (zum Beispiel Routing oder NEWS) zwischen den bilderzeugenden Prozessoren und dem Framebuffer - und damit die zugrundeliegende Netz-Geometrie - entscheidend für die maximal erzielbare Bildfrequenz.

Die Datenprozessoren können für eine optimale Datenübertragung ("*framebuffer-ordering*") konfiguriert werden. Hierdurch lassen sich bei einer Framegröße von 1000x1000 Pixeln noch ca. 5 Bilder je Sekunde erzeugen. Der "Flaschenhals" in der Datenübertragung verlagert sich aber hierdurch in die vorherigen Berechnungsstufen: Die Umordnung aus einer beliebigen anderen Kommunikationsstruktur in das Framebuffer-Ordering ist sehr zeitaufwendig.

Geht man davon aus, daß die traditionell übliche generative Bilderzeugung in der Sichtsimulation beibehalten wird, so wird in jeder Stufe der graphischen Pipeline je Frame eine prinzipiell neue Datenmenge geschaffen. Das heißt, es werden jeweils neue potentiell sichtbare Polygone berechnet und räumlich transformiert, hieraus werden neue Pixel- bzw. Span-Felder im Bildraum berechnet und so weiter. Ein derartiges Verfahren setzt eine vergleichsweise geringe Datenmenge in den frühen Stufen der graphischen Pipeline voraus, die durch grobgranulare Multiprozessorsysteme zeitoptimal bearbeitet werden kann. Die in den letzten Stufen der Pipeline (Beleuchtungsprozessor, Zeichenprozessor) üblichen Mapping-Verfahren, die die im Bildraum vorhandenen Polygone mit definierten Pixelmustern füllen, erzeugen jedoch eine sehr hohe Datenmenge mit von Frame zu Frame wechselnden Inhalten.

Unter den beschriebenen Randbedingungen sind zwei alternative Anwendungen der Connection Machine denkbar:

- Verwendung eines der üblichen Rendering-Hardwaresysteme zusammen mit der Connection Machine oder
- Verwendung einer Voxel-Datenbasis statt der üblichen Polygon-Datenbasis.

Die erste Alternative ordnet die Connection Machine an der Stelle in die graphische Pipeline ein, an der ihre Parallelität optimal genutzt werden kann: bei der Transformation einer umfangreichen Objekt-Datenbasis. Die eigentliche *Bild*erzeugung, die Gewinnung der Pixelinformationen aus Polygonen und Polygon-Attributen, wird von einer speziell für diesen Zweck entwickelten Hardware geleistet. Es ist denkbar, daß die Connection Machine als Simulationsrechner sehr viele Objekte mit Eigendynamik und mit verschiedenen Freiheitsgraden gleichzeitig handhaben kann (Entspricht der *Animation* durch den Modellprozessor). Die Schnittstelle zwischen CM-2 und dem Bilderzeugungssystem entspricht hier dem Parallel-Polygon - Konzept wie weiter oben beschrieben.

Ein ganz neuer Ansatz ist durch die Verwendung einer *Voxel-Datenbasis* denkbar. Die Stärke des betrachteten massiv-parallelen Rechnerkonzeptes liegt in der Möglichkeit, große Datenmengen gleichzeitig in beliebigen räumlichen Geometrien zu manipulieren. Eine typische Anwendung ist beispielsweise die Simulation der Strömungsvorgänge in einem fließenden Medium. In einem begrenzten Raum wird das zeitabhängige Verhalten der Flüssigkeit in jedem Volumenelement (Voxel) dieses Raumes für jeden Simulationszeitschritt berechnet und durch ein geeignetes Projektionsverfahren visualisiert.

Im Prinzip ist die gleiche Vorgehensweise auch für eine ebenso räumlich begrenzte Datenbasis in einem Realzeit-Sichtsystem möglich. Jeder Prozessor ist einem Raumelement der Datenbasis zugeordnet und enthält alle Attribute (Farbe, Helligkeit, Textur) der an dieser Stelle befindlichen Szenenelemente. Diese Attribute sind in einem System mit festgelegten Beleuchtungsbedingungen offline berechenbar. Es sind demnach grundsätzlich auch die aufwendigen Berechnungsverfahren der Strahlungsstreuung (/84.GORAL/) anwendbar, die eine realitätsnahe Darstellung computergenerierter Bilder durch Berücksichtigung von Beleuchtung und Oberflächenbeschaffenheit der Darstellungsobjekte ermöglichen.

Die Darstellung beweglicher Modelle innerhalb der Voxel-Datenbasis ist durch "Nachrichtentransfer" innerhalb des Prozessornetzwerks möglich: Jedes Raumelement (jeder Prozessor) enthält zunächst die Informationen über seine statischen, das heißt unveränderlichen Eigenschaften. Tritt ein bewegliches Objekt auf, so werden dessen Eigenschaften zeitweise die statischen Informationen bestimmter Raumelemente überlagern. Die Fortbewegung des Objektes wird durch die parallele Übertragung seiner Oberflächeninformationen an die entsprechenden neuen Örter geschehen (Freigabe der belegten Raumelemente und Belegung neuer Raumelemente).

Die zuletzt beschriebene Idee setzt voraus, daß die theoretische Datenrate von 40 MByte/s der CM-2 zum Framebuffer auch praktisch aus dem Prozessornetzwerk heraus erreicht werden kann und daß die Zahl der parallelen Prozessoren bzw. der zugeordnete Speicher noch erheblich vergrößert werden. Insofern bleibt es abzuwarten, ob der Einsatz eines massiv-parallelen Rechnersystems eine wirtschaftlich vertretbare Alternative zu den ebenfalls ständig weiterentwickelten Spezialsystemen bieten kann. Zur Zeit zeichnet sich eher noch eine getrennte Entwicklung ab: Für die Simulationsrechnung und Szenenverwaltung kommen schnelle Universalrechner bis hin zu massiv-parallelen Systemen zum Einsatz, während für die Realzeit-Visualisierung speziell entwickelte Prozessoren-Systeme verwendet werden.

4. Literatur:

/77.FUCHS/ H. Fuchs: *Distributing a Visible Surface Algorithm Over Multiple Processors*. Proceedings of 1977 ACM Annual Conference, pp 449-451, Oktober 1977.

/84.GORAL/ Goral, C.M., Torrance K.E., Greenberg D.P.: Modeling the Interaction of Light Between Diffuse Surfaces. Proceedings of SIGGRAPH ´84, ACM, vol. 18, pp 213-222, Juli 1984.

/85.HILLIS/ Hillis, W.D.:The Connection Machine. ACM Distiguished Dissertations Series, MIT Press, Cambridge, Massachusetts 1985.

/89.IITSC/ H.H. Rich: Tradeoffs in creating a low-cost visual simulator. Proceedings of 11th Interservice/Industry Training Systems Conference, pp214-223, November 1989.

/90.TMC/ Connection Machine Model CM-2 Technical Summary. Version 6.0, November 1990, Thinking Machines Corporation, Cambridge, Massachusetts.

/90.MÖLLER/ Möller, R.: Konzepte zur Parallelisierung graphischer Hardware für Low-Cost-Sichtsysteme. Tagungsveröffentlichung zum Workshop: Sichtsysteme - Visualisierung in der Simulationstechnik, Wuppertal, 28./29. 11.1989.

/91.TREW/ Trew, A.,Wilson, G. (ed.):Past, Present, Parallel: A Survey of Available Parallel Computer Systems.
Springer Verlag, 1991.

Sichtsimulation bei Volkswagen

Dr. Michael Goldapp
LINEAS Informationstechnik GmbH
Rebenring 33
3300 Braunschweig

Einleitung

Fahrsimulation wird für viele Bereiche der Fahrzeugentwicklung und der Fahrerausbildung immer interessanter. Auch die Volkswagen AG in Wolfsburg setzt für die Forschung und Entwicklung einen dynamischen Fahrsimulator mit einem neu konzipierten Sichtsystem ein. Dieses Sichtsystem, an dessen Realisierung LINEAS mitgearbeitet hat, soll hier vorgestellt werden.

Bei Volkswagen wird Fahrsimulation mit dem Ziel betrieben, neue Fahrzeugkomponenten zu verifizieren und den Regelkreises Mensch-Fahrzeug-Umwelt zu erforschen. Extreme Situationen können gefahrlos für Fahrer und Fahrzeug getestet werden. Der Fahrer kann ebenfalls für das Verhalten in bestimmten Situationen ausgebildet werden.

Bei der systematischen Entwicklung und Erforschung neuer Fahrzeugkomponenten bietet der Simulator den Vorteil, daß Versuchsläufe unter identischen Bedingungen wiederholt werden können. Neue Fahrzeugkomponenten wie z.B. ein ABS können im Simulator mit geringem Aufwand direkt als *hardware in the loop* getestet werden. Die Entwicklungszeit wird damit verkürzt, weil wertvolle Erkenntnisse bereits in der Simulationsphase gewonnen werden. Vorteilhaft ist auch, daß kostspielige Probefahrten, z.B. in alpinen Landschaften, eingespart werden.

Aufbau des Simulators

Volkswagen hat einen kompletten Fahrsimulator mit hydraulisch um drei Achsen bewegter Kabine aufgebaut, in die das Interieur eines VW Passat eingebaut ist. Ein Fahrer kann hierin eine Fahrt durch eine virtuelle Landschaft unternehmen und dabei reale Fahrsituationen erleben. Die Bewegungen der Kabine werden durch Dynamikberechnungen gesteuert, in die Parameter wie Lenkradeinschlag, Pedalstellungen, Fahrzeugeigenschaften und Straßenverhältnisse eingehen. Die von einem Transputer-Rechner erzeugten Bilder des Sichtsystems werden über ein Spiegelsystem in die Kabine projiziert. Die Modellierung der Simulationsszenerie geschieht mit Editoren, die wahlweise auf PCs und Workstations einsetzbar sind. Das folgende Bild zeigt alle wesentlichen Komponenten des Fahrsimulators.

Zusätzlich zur Bilderzeugung sollen die folgenden Funktionen vorhanden sein:

- Kollisionserkennung,
- Fremdfahrzeugsteuerung,
- Versuchsleiter-Informationen.

Fremdfahrzeugsteuerung

Fahrsimulation gewinnt an Wert, wenn mit ihr reale Straßenverkehrs-Situationen nachgestellt werden können. Zu realistischen Verkehrs-Situationen gehören insbesondere Fremdfahrzeuge, die einen fließenden Verkehr simulieren und mit denen gefährliche Situationen ausgelöst werden können. In der Software des VW-Sichtsystem sind diese Fremdfahrzeuge in einem Modul realisiert.

Die genaue Anzahl der Fremdfahrzeuge, die durch die Szenen bewegt werden können, hängt von der verfügbaren Rechenleistung ab. Mit dem Transputer-Sichtsystem des VW-Fahrsimulators lassen sich bis zu 500 Fremdfahrzeuge steuern, von denen bis zu 30 gleichzeitig aktiv sein können.

Im folgenden wird beschrieben, welchen Leistungsumfang die Fremdfahrzeugsteuerungs-Software bietet.

Die Fremdfahrzeuge können:

- unabhängig voneinander gesteuert werden,
- auf einem explizit vorgeschriebenen Kurs fahren (dazu sind alle zu befahrenden Straßensegmente anzugeben),
- sich den Kurs auch selbst suchen (dazu sind nur Start- und Zielpunkt anzugeben; jedes Fremdfahrzeug sucht sich dann den kürzesten Weg),
- in einer definierbaren Geschwindigkeit den Kurs befahren (auch die Beschleunigung kann definiert werden),
- definierbare Verkehrssituationen nachspielen (ein Fremdfahrzeug kann so gesteuert werden, daß es auf eine Kreuzung genau dann zufährt, wenn auch der Simulatorfahrer dort ankommt; Zusammenstöße können so provoziert werden),
- Fahrspurwechsel realisieren, (der Fahrspurwechsel kann an das Verhalten und den augenblicklichen Standort des Simulatorfahrers gekoppelt werden),
- eine eigene Dynamik bekommen (sie verhalten sich dann wie reale Fahrzeuge und befahren z.B. enge Kurven nur mit einer Geschwindigkeit, bei der eine Querbeschleunigung von $2m/s^2$ nicht überschritten wird).

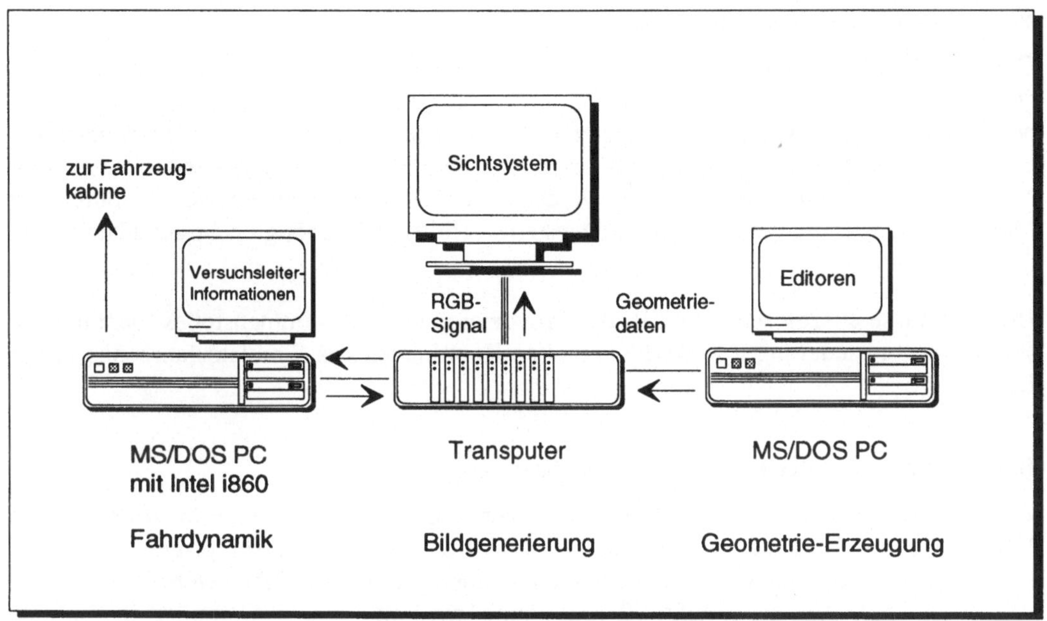

Anforderungen an das Sichtsystem

Aufgabe des Sichtsystems ist es, die Landschaft darzustellen, die aus Straßen, Häusern, Fahrzeugen und anderen Verkehrsteilnehmern sowie natürlichen Objekten wie z.B. Bäumen besteht. Die visuelle Wahrnehmung ist für den Fahrer einer der wichtigsten Eindrücke bei der Simulationsfahrt. An das Sichtsystem werden deshalb auch hohe Anforderungen gestellt. Die folgende Liste enthält die Anforderungen an die Leistungsfähigkeit, die Grundlage für die Konzeption bei Volkswagen waren:

- Bildgenerierungsrate mindestens 16 Bilder pro Sekunde,
- Verzögerungszeit durch die Bildberechnung unter 80 ms,
- Auflösung mindestens 640x480 Bildpunkte,
- Mehr als 256 verschiedene Farben,
- weiche Farbübergänge,
- Textur auf Objekten.

Bei dem gewählten Hardware-Konzept hängt die Zahl der darzustellenden Polygone von den Möglichkeiten und der Qualität der Textur ab.

Voraussetzungen für den Einsatz

Die Fremdfahrzeugsteuerung kann mit normgerechten Straßen, die aus Gerade, Kreisbogen und Klothoide bestehen, arbeiten. Es wird vorausgesetzt, daß alle Segmente, die zu einer Straße gehören, vollständig bekannt sind. Die Breite jedes Segments muß ebenfalls bekannt sein und jedes Segment muß durch eine Nummer eindeutig gekennzeichnet sein. Nur so können Fahrkurse festgelegt werden. Diese Voraussetzungen werden durch die Modellierungswerkzeuge des VW-Sichtsystems erfüllt, alle benötigten Straßendaten werden geliefert.

Um Ereignisse auszulösen, wie z.B. das Provozieren eines Zusammenstoßes, benötigt die Fremdfahrzeugsteuerung jeweils die aktuellen Koordinaten des Simulatorfahrzeugs in der Landschaft.

Beschreibung des Verhaltens der Fremdfahrzeuge

Zur Beschreibung des Verhaltens der Fremdfahrzeuge steht die Sprache MuVeCon (Multi Vehicle Control Language) zur Verfügung. Fahrstrecken, Spurwechsel, provozierte Kollisionen, Beschleunigung und andere Aktionen können damit beschrieben werden. Eine vom Anwender in MuVeCon erstellte Beschreibung wird mit einem Compiler in Befehle übersetzt, die während der Echtzeit-Verarbeitung die Fremdfahrzeuge entsprechend durch die Szene steuern. Diese Sprache bietet einfache und übersichtliche Befehle für die Steuerung an. Ein Beispiel dafür ist die Anweisung, daß ein Fahrzeug F1 einen Fahrspurwechel genau dann ausführen soll, wenn ein anderes Fahrzeug F2 auf weniger als 20 m herangekommen ist. Die Anweisung dafür lautet:

```
F2 ImBereich (20) => F1 Spurwechsel links;
```

Für Ausbildungszwecke können alle Standardsituationen, die ein Fahrschüler beherrschen muß, modelliert und durchfahren werden. Da Situationen mit diesem Werkzeug auch reproduzierbar sind, werden systematische Versuchsreihen ermöglicht.

Versuchsleiter-Informationen

Für die Konfiguration der Simulationsfahrt ist ein Versuchsleiter-Informationssystem notwendig. Auf einem Monitor wird der Versuchsleiter über den aktuellen Stand der Fahrt wie z.B. Geschwindigkeit des Fahrzeugs, Fahrtdauer, Anzahl der Kollisionen mit anderen Verkehrsteilnehmern und Position des Simulators informiert. Bei VW ist diese Software auf einem PC installiert. Auf dem zugehörigen Monitor wird eine Landkarte der aktuellen Simulationsszenerie dargestellt und die Position des Simulatorfahrzeugs sowie die Positionen aller Fremdfahrzeuge werden angezeigt.

Eingebettet in eine grafische Oberfläche, die die Interaktion des Versuchsleiters zuläßt, werden die Informationen entweder numerisch oder grafisch angezeigt. Es ist auch möglich, Aktionen der Fremdfahrzeuge auszulösen.

Hardwarekonzept

Bei der Auswahl der Hardware wurden für das Sichtsystem die genannten Anforderungen wie Bilderzeugungsrate, Durchlaufzeit und Bildauflösung zu Grunde gelegt. Eine Forderung von Volkswagen war auch eine Offenheit des Systems in dem Sinn, daß jederzeit und einfach Änderungen an der Funktionalität des Sichtsystems vorgenommen werden können, wie z.B. Integrieren einer Fremdfahrzeugsteuerung. Natürlich muß es möglich sein, auf der Hardware effizient leistungsfähige Software für die Bildgenerierung zu erstellen.

Bei der Bildgenerierung bietet sich, wie bereits bekannt, eine parallele Bearbeitung an. Ein paralleles Konzept kommt auch der Forderung entgegen, zusätzliche Funktionen in das Sichtsystem zu integrieren, ohne eine Beeinträchtigung der Bildrate hinnehmen zu müssen. Eine weitere Forderung von Volkswagen ist es, auf Spezialhardware zu verzichten.

Um die Anforderungen erfüllen zu können, wurde ein flexibles und leistungsfähiges Konzept gesucht, das leicht eine Parallelisierung ermöglicht und auf Standard-Hardwarekomponenten aufbaut. Standardhardware wird gefordert, weil sie leicht durch kompatible schnellere und leistungsfähigere Nachfolgemodelle ersetzbar ist, in einer höheren Programmiersprache programmiert werden kann und preisgünstiger als Spezialhardware ist. Das Vorgängersystem basierte auf einem reinen Hardware-Verfahren [Möller].

Diese Forderungen werden von Transputern erfüllt. Aus diesem Grund wird bei Volkswagen für das Echtzeitsichtsystem ein Transputer-Netzwerk eingesetzt. Das Netzwerk kann je nach Anforderung konfiguriert werden und unterstützt eine starke Parallelisierung, die auf das zu lösende Problem abgestimmt ist.

Das bei VW und LINEAS entstandene Sichtsystem kann wahlweise in drei Konfigurationen mit 14 bis 42 Transputern betrieben werden. Das folgende Bild zeigt schematisch den Aufbau des Sichtsystems. Die Anordnung der Transputer entspricht der Grafik-Pipeline einer Workstation, wobei an rechenintensiven Bearbeitungsschritten mehrere Prozessoren parallel geschaltet sind. Die Konzeption basiert auf Untersuchungen von [Umland].

Die größte Konfiguration kann bei einer durchschnittlich komplexen Szene bis zu 30 Bilder pro Sekunde mit einer Durchlaufverzögerung von etwa 60-80 ms erzeugen. Diese Bildrate bezieht sich auf die Auflösung 640x480 Bildpunkte. Dabei stehen 8192 Farben gleichzeitig aus einer Palette von 16,7 Mio. zur Verfügung.

Für eine Rundumsicht können mehrere Sichtkanäle aufgebaut werden. Die Soft- und Hardware für den Rückspiegel kann dabei kleiner und kostengünstiger dimensioniert werden. Bis zu 30 Fremdfahrzeuge können sich gleichzeitig und unabhängig voneinander durch die Szene bewegen. Kolonnenfahrten, eine Forderung insbesondere für die Fahrausbildung, können simuliert werden.

Die Entscheidung für Transputer erweist sich gerade auch im Hinblick auf die neue Transputer-Generation T9000, die Anfang 1992 verfügbar sein wird, als sinnvoll. Die T9000 werden neben einer deutlich gesteigerten Rechenleistung auch eine erheblich gesteigerte Übertragungsrate untereinander aufweisen. Bei Verwendung der neuen Transputer-

Generation kann ohne nennenswerte Softwareänderungen eine erhebliche Leistungssteigerung erreicht werden, ein Faktor 5 bis 10 ist als durchaus realistisch anzusehen.

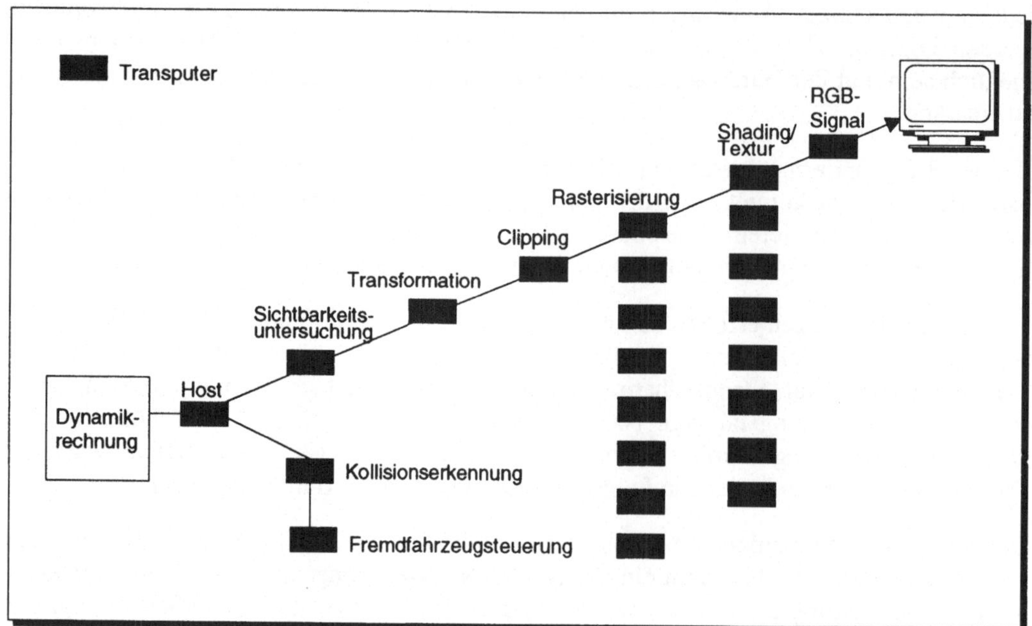

Die Eingaben des Sichtsystems sind neben der Fahrzeugposition einmal auch die Landschaftsdatenbasis, die aus Polygonen aufgebaut ist. Alle Polygone werden im Speicher des ersten Transputers (des "Host-Prozessors") gehalten. Die Werkzeuge des Sichtsystems für die Modellierung der Simulationsszenerie laufen wahlweise auf PCs, Workstations oder Transputern. Eine nähere Beschreibung der Modellierungswerkzeuge ist dem Artikel [Schaar] zu entnehmen.

Zusammenfassung

Das Sichtsystem des VW-Fahrsimulators bietet im Vergleich zu herkömmlichen Sichtsystemen eine Alternative. Das modulare parallele Hardwarekonzept mit den Transputern bietet Flexibilität und hohe Rechenleistung. Die Funktionalität kann schnell und unkompliziert um neue Module erweitert werden, wie das Beispiel Fremdfahrzeugsteuerung zeigt. Die Leistungsfähigkeit des Sichtsystems hat sich für die angestrebte Anwendung als geeignet erwiesen und das bei einem verhältnismäßig geringen Preis.

Literatur

[Möller]
Reinhard Möller, Entwicklung von Hard- und Software-Komponenten für das Sichtsystem eines Verkehrssimulators, Dissertation, BUGH Wuppertal, 1986

[Schaar]
Anja Schaar, Konzept eines Straßenmodellierers am Beispiel des VW-Straßeneditors, 2. GI-Workshop Sichtsimulation, 1991

[Umland]
Thomas Umland, "Zur Parallelisierung von Algorithmen für den Realzeit-Sichtsimulator auf der Basis von Transputern", Diplomarbeit in Informatik, TU Braunschweig, 1988

[Zimmermann]
Peter Zimmermann, "Visual Simulation by Means of a Transputer Network for a Driving Simulator" in Applications of Transputers 2, IDS Press Amsterdam, 1990, pp. 13-24

Visualisierung mit dem i860-Mikroprozessor

W.Kuss,
AITEC GmbH & Co.
Informationstechnologie KG,
4600 Dortmund

Für die Entwicklung eines Fahrsimulators zu Ausbildungszwecken wird eine Hard- und Software benötigt, mit der ausreichend komplexe Szenen in Echtzeit dargestellt werden können. In diesem Erfahrungsbericht über die Implementation eines Renderers auf dem Intel i860 [1] sollen vor allem dessen Stärken und Schwächen bei dieser Aufgabe besprochen und Ergebnisse in Form von Zeitmessungen und Hardcopies vorgestellt werden. Ein Teil der Erkenntnisse sind zweifelsohne auf andere RISC-Prozessoren bzw. Prozessoren mit Fließkomma-Pipelines übertragbar. Es stellt sich heraus, daß für über 130.000 Polygone je Sekunde BackFace-Culling, Transformationen, 3D-Clipping und Beleuchtung ausgeführt werden kann. Dagegen können pro Sekunde nur Objekte mit ca. 30.000 Polygonen schattiert werden (incl. der Unterdrückung verdeckter Objektteile mittels Z-Buffer-Algorithmus), auch wenn die speziell dafür auf dem i860 implementierten Befehle benutzt werden.

In einer Einführung in den i860 wird zunächst dessen Architektur vorgestellt und besonders auf die verschiedenen Pipelines eingegangen. Dual-Instruction- und Dual-Operation-Modi werden vorgestellt. Mit diesen können pro Takt bis zu drei Befehle abgearbeitet werden. Besonders bei den in der Grafik auftretenden drei- oder vierdimensionalen Vektoren und Matrizen können Operationen aufgrund der Struktur des Addierers und Multiplizierers nahezu mit den theoretisch möglichen 80 MFLOPS ausgeführt werden.

1 Architektur des i860

Als Grundlage für das Folgende soll zunächst auf die wichtigsten Komponenten des i860 eingegangen werden (siehe Abbildung 1).

[1] i860 ist ein eingetragenes Markenzeichen der Intel Semiconductor GmbH.

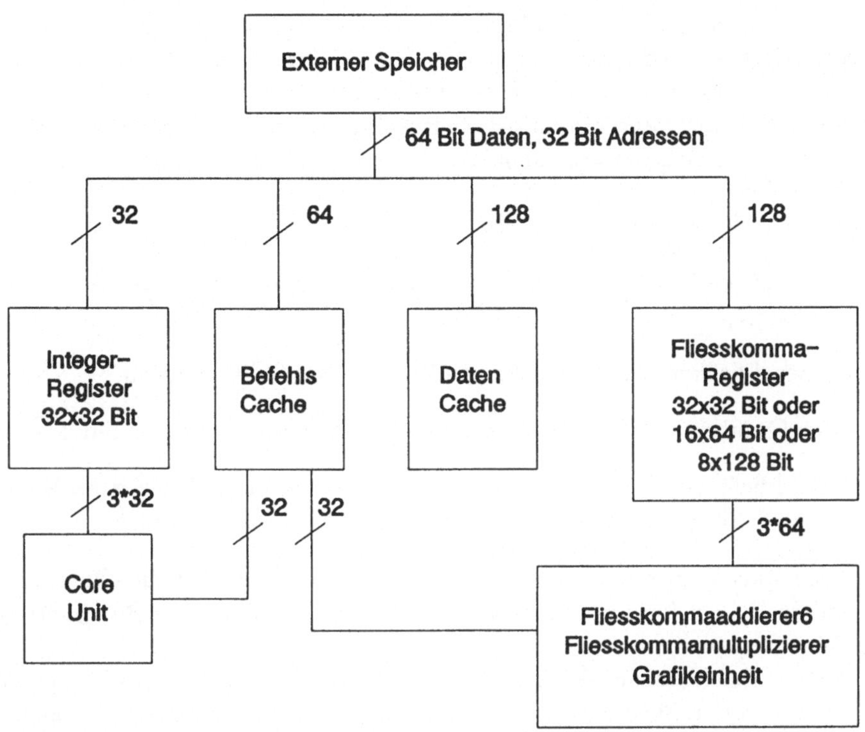

Abbildung 1. Der prinzipielle Aufbau des i860.

Der interne Bus ist zum Teil 128 Bit breit. Er verbindet Daten- und Befehls-Cache (in der momentanen Version 8 bzw. 4 kByte groß), die Integer- und Fließkomma-Register und den externen Bus zum Speicher. Die 32 Integer-Register haben eine Breite von je 32 Bit und können nur einzeln angesprochen werden. Von den 32 32-Bit Fließkomma-Registern kann man dagegen mehrere Register zusammen benutzen, um auf 64 oder gar 128 Bit Einheiten zu kommen. Besonders wichtig ist, daß mit einem Befehl 128 Bit, also z.B. 4 einfach genaue Fließkommazahlen gleichzeitig zwischen Cache und Fließkommaregistern transferiert werden können. Schon aus dieser Tatsache wird deutlich, daß auf die Fließkomma-Leistung wesentlich mehr Wert als auf die Integer-Leistung gelegt wurde.

Addier-, Multiplizier- und Grafikeinheit sind als Pipelines ausgeführt, wobei Addier- und Multiplizierpipelines für einfache Genauigkeit (32 Bit) aus je 3 Stufen bestehen. Daher kann man in jedem Takt eine Fließkommaoperation einleiten und das Ergebnis einer Operation abholen. Baut allerdings eine Operation auf dem Ergebnis der vorigen auf, so muß sie zwei Takte darauf warten. Daher wird die Reihenfolge, auch von ansonsten unabhängigen Befehlen wichtig. Dies hat zur Folge, daß die Optimierung eines Assemblerprogramms sehr aufwendig ist und ist sicher einer der Gründe, daß es bisher keine

vernünftig optimierenden Compiler gibt. So ist die Geschwindigkeitssteigerung bei compilierten Programmen gegenüber einem 386/387-System fast immer unter einem Faktor von 5, obwohl die Leistungsdaten der Prozessoren wesentlich stärker differieren. Selbst bei dem DKB-Raytracer, der an sich viele Vektoroperationen durchführen muß und daher gut für den i860 geeignet ist, konnte mit 3 verscheidenen C-Compilern kein höherer Wert erzielt werden.
Es gibt vier Verarbeitungseinheiten:

- Eine „Core-Unit", die Kontrol-, Sprung-, Ganzzahlarithmetik- und boolsche Befehle ausführt,
- einen Fließkommaaddierer für Additionen und Subtraktionen,
- die Grafikeinheit für Integeradditionen bzw. Interpolationen und Z-Vergleiche,
- den Fließkommamultiplizierer, der neben Integer- und Fließkomma-Multiplikationen auch 8 Bit genaue Startwerte zum iterativen Berechnen von $\frac{1}{x}$ und $\sqrt{x}$ liefert.

Die Core-Unit kann mit zwei 32 Bit Quell- und einem 32 Bit-Ziel-Operanden arbeiten, die anderen haben (zusammen, siehe Abb. 1) Zugriff auf zwei 64 Bit Quell- und einen 64 Bit Ziel-Operanden.

Da der Befehlscache gleichzeitig einen Befehl an die Core-Unit und einen Befehl an die anderen Einheiten senden kann, können im sogenannten **„Dual-Instruction-Modus"** (DIM) in einem Takt ein Integer- und ein Fließkomma-Befehl abgearbeitet werden. Resourcen-Konflikte könnten dadurch nur auftreten, wenn die Core-Unit auf die Fließkommaregister oder aber eine Fließkommaeinheit auf die Integerregister zugreift. Dies ist beim Transferieren von Werten zwischen Integer- und Fließkommaregistern der Fall. Da das Laden oder Abspeichern von Fließkommawerten von der Core-Unit durchgeführt wird, könnte dies Problem hier ebenfalls auftreten. Tatsächlich ist aber immer das Zusammenwirken der beiden Befehle sinnvoll geregelt [2]. Wenn z.B. der Fließkommabefehl ein Register verändert, welches vom zugehörigen Integerbefehl abgespeichert wird, so wird der veränderte Wert abgespeichert.

Eine andere Möglichkeit der Parallelisierung besteht im **„Dual-Operation-Modus"** (DOP), in dem gleichzeitig eine Multiplikation und eine Addition oder Subtraktion stattfinden. Da die Fließkommaeinheiten vom Instruction-Cache nur 32 Bit zur Verfügung gestellt bekommen, gibt es spezielle DOP-Befehle, die sowohl eine Addition als auch eine Multiplikation auslösen. Dabei können aber nur zwei Quell- und ein Ziel-Register angegeben werden. Da insgesamt vier Werte verarbeitet werden, und zwei Ergebnisse erzeugt werden, muß man sich mit drei speziellen, im Opcode codierten Registern sowie der Möglichkeit, ein Ergebnis als neuen Input weiterzubearbeiten behelfen. Leider sind aus Mangel an Opcodes von den knapp 1000 möglichen Kombinationen nur 64 verwirklicht, wobei auch recht wichtige weggelassen wurden.

[2] Eine Ausnahme bilden nur die skalaren Befehle, d.h. Befehle ohne explizite Benutzung von Pipelines sowie der Transfer Fließkommaregister nach Integerregister.

2 Ein Beispiel für Fließkommaberechnungen

Es folgt ein einfaches Beispiel zur Erklärung der DIM und DOP-Modi. In Grafikprogrammen treten sehr häufig Skalarprodukte auf, z.B. bei der Beleuchtung oder beim Normieren von Vektoren. Außerdem lassen sich lineare Transformationen, d.h. Vektor-Matrix-Multiplikationen aus einzelnen Skalarprodukten zweier Vektoren zusammensetzen. Um mit nur einer Art von Befehlen auszukommen, gehe ich davon aus, daß die Pipelines mit Null initialisiert sind. Der Befehl startet eine Multiplikation der beiden als Parameter angegebenen Quell-Register und eine Addition des Addierer- und Multiplizierer-Ergebnisses. Er hat die Syntax *m12apm* Quellregister1, Quellregister2, Zielregister (Multiply Source1 and Source2 and Add Adderresult Plus Multiplierresult). Damit das Beispiel klarer wird, habe ich lange Vektoren benutzt und die abschliessenden Befehle inclusive Abspeichern des Ergebnisses wegeglassen. In der ersten Spalte (siehe Tabelle 1) steht immer der Befehl. Das „f0“ als Zielregister bedeutet, daß das Ergebnis nicht abgespeichert wird, sondern innerhalb der Pipeline weiterverarbeitet wird. In der 2. und 3. Spalte sind noch einmal die Quelloperanden des Multiplizierers aufgeführt. Danach ist das Multipliziererergebnis, das aus dem Produkt der Quellen drei Takte vorher gebildet wird dargestellt. Die Operanden des Addierers sind nicht extra aufgeführt, da sie identisch mit dem Multiplizier- bzw. Addierer-Ergebnis sind. Das Addierer-Ergebnis (letzte Spalte) ist gegeben durch die Summe der Ergebnisse von Multiplizierer und Addierer 3 Takte zuvor.

DOP-Befehl	M1	M2	M-Ergebnis	A-Ergebnis
m12apm $a_0, b_0, f0$	a_0	b_0	0	0
m12apm $a_1, b_1, f0$	a_1	b_1	0	0
m12apm $a_2, b_2, f0$	a_2	b_2	0	0
m12apm $a_3, b_3, f0$	a_3	b_3	$a_0 * b_0$	0
m12apm $a_4, b_4, f0$	a_4	b_4	$a_1 * b_1$	0
m12apm $a_5, b_5, f0$	a_5	b_5	$a_2 * b_2$	0
m12apm $a_6, b_6, f0$	a_6	b_6	$a_3 * b_3$	$a_0 * b_0$
m12apm $a_7, b_7, f0$	a_7	b_7	$a_4 * b_4$	$a_1 * b_1$
m12apm $a_8, b_8, f0$	a_8	b_8	$a_5 * b_5$	$a_2 * b_2$
m12apm $a_9, b_9, f0$	a_9	b_9	$a_6 * b_6$	$a_0 * b_0 + a_3 * b_3$
m12apm $a_{10}, b_{10}, f0$	a_{10}	b_{10}	$a_7 * b_7$	$a_1 * b_1 + a_4 * b_4$
m12apm $a_{11}, b_{11}, f0$	a_{11}	b_{11}	$a_8 * b_8$	$a_2 * b_2 + a_5 * b_5$
m12apm $a_{12}, b_{12}, f0$	a_{12}	b_{12}	$a_9 * b_9$	$a_0 * b_0 + a_3 * b_3 + a_6 * b_6$
m12apm $a_{13}, b_{13}, f0$	a_{13}	b_{13}	$a_{10} * b_{10}$	$a_1 * b_1 + a_4 * b_4 + a_7 * b_7$
		$\vdots$		
m12apm a_{3i},b_{3i},f0	a_{3i}	b_{3i}	$a_{3i-3}*b_{3i-3}$	$\sum_{j=0}^{j=i-2} a_{3j} * b_{3j}$
m12apm a_{3i+1},b_{3i+1},f0	a_{3i+1}	b_{3i+1}	$a_{3i-2}*b_{3i-2}$	$\sum_{j=0}^{j=i-2} a_{3j+1} * b_{3j+1}$
m12apm a_{3i+2},b_{3i+2},f0	a_{3i+2}	b_{3i+2}	$a_{3i-1}*b_{3i-1}$	$\sum_{j=0}^{j=i-2} a_{3j+2} * b_{3j+2}$
		$\vdots$		

Tabelle 1. Skalarmultiplikation zweier Vektoren.

Wie man sieht, ergeben sich durch die dreistufigen Pipelines drei „Stränge" von Befehlen, nämlich für die durch drei mit Rest 0, 1 oder 2 teilbaren Indizes. In diesen Strängen wird jeweils $\sum_{j=0}^{j=n} a_{3j} * b_{3j}$, $\sum_{j=0}^{j=n} a_{3j+1} * b_{3j+1}$ und $\sum_{j=0}^{j=n} a_{3j+2} * b_{3j+2}$ berechnet. Zum Schluß müssen noch diese drei Summanden addiert werden. Bei Operationen mit 3x3 Matrizen (z.B. Rotations- oder Skalierungsmatrix) oder 3x4 Matrizen (homogene Matrizen ohne Perspektive oder ohne Translation, siehe z.B. [4]) könnten in den Strängen die einzelnen Spalten der Matrix behandelt werden. Da pro Takt zwei weitere Zahlen benutzt werden, reicht es, alle zwei Takte mit einen *fld.q*-Befehl (Floatingpoint Load, Quad-Words) vier Zahlen aus dem Cache bzw. Speicher in die Register zu lesen. Zugleich wird mittels Autoincrement die Adresse auf die nächste Vektor-Komponente gesetzt. Stehen die Vektoren bereits im Cache, und sieht man von der Initialisierung ab, so können in jedem Takt zwei Fließkommaoperationen durchgeführt werden. Es dauert aber oft sehr lange, die Pipeline zu initialisieren und zum Schluß das Endergebniss zu erhalten und abzuspeichern. Diesen Effekt sollte man mit folgenden Methoden verringern:

1. Durch Verwendung weiterer Befehle neben *m12apm* wird es (teilweise) überflüssig, zuerst die Pipeline mit Nullen zu füllen.

2. Befindet sich die Rechnung in einer Schleife, so kann man während des i.ten Durchlaufs diese für den i+1.ten Durchlauf initialisieren.

3. Man kann mehrere Berechnungen u.U. völlig unabhängiger Größen überlappen um eine höhere Auslastung der Pipeline zu erreichen. Dies wird nur durch die Anzahl der Register beschränkt.

   Z.B. wird bei dem von AITEC realisiertem Renderer nebeneinander her eine Normale geflippt (d.h. umgedreht, falls sie vom Betrachter weg zeigt), und der Verbindungsvektor vom Auge zum Punkt berechnet und normiert. Durch diese Berechnungen nebeneinander können einerseits während der Pipeline-Initialisierung für die eine Rechnung bereits Teile der anderen Rechnung laufen, und allgemein können Lücken, die sich in einer Rechnung ergeben wenn auf ein Ergebnis oder eine Resource gewartet werden muß, mit Befehlen der anderen gestopft werden. Als Beispiel dazu ein Fragment aus der Beleuchtungsberechnung: Bei Punktlichtquellen verändert sich die Helligkeit einer beleuchteten Fläche im dem Abstand r von der Lichtquelle mit dem Faktor [4]:

   $$\frac{1}{C_1 + C_2 * r} \quad .$$

   Liegt r vor, so muß als nächstes C_2 mit r multipliziert werden. Die Pipeline kann zwar in jedem Taktzyklus eine Berechnung starten und eine abschließen, aber es dauert drei Takte, bis das Ergebnis fertig ist. Da die Addition dieses benutzt, verzögert sich Ihr Start entsprechend. Danach muß man wieder zwei Takte verstreichen laßen, ehe man die Division beginnen kann. Werden aber zwei Punkte gleichzeitig beleuchtet, so können die Lücken in der Berechnung der ersten Helligkeit genutzen werden, um jeweils die Operationen für den zweiten Punkt zu starten. Aufgrund dieser Effekte dauert die vollständige Beleuchtung zweier Punkte nur ca. 50% länger als die eines Punktes. Werden beide Punkte von den gleichen Lichtquellen beschienen, so kommt man mit den Registern aus.

Dies alles bedeutet, daß auch bei Benutzung von in Assembler geschriebenen Vektor-Bibliotheken aus einer Hochsprache heraus nicht die Geschwindigkeit eines handgeschriebenen Assemblercodes erreicht werden kann. In diesem können eben verschiedene Aufgaben wie z.B. Matrixmultiplikation und Vektoraddition „interleaved" werden und die Bausteine des Programms stehen nicht notwendigerweise hintereinander.

Zusammenfassend kann man also sagen, daß maximal entweder ein Integer- und ein Grafik-Befehl oder aber eine Integer-, eine Fließkommaaddition und eine Fließkommamultiplikation in einem Takt ausgeführt werden können. Bei 40MHz kann also maximal 120 MIPS bzw. 80 MFLOPS erreicht werden. Allerdings gibt es Situationen (sogenannte Freezes), in denen ein Befehl mehr als einen Takt braucht, z.B. aufgrund von Resourcen-Konflikten oder dem langsamen Hauptspeicher. Typischerweise wird hierdurch die Leistung um 20-40% reduziert. Außerdem kann die theoretische Leistung nur erreicht werden, wenn die Zahl der auszuführenden Integeroperationen, Additionen und Multiplikationen übereinstimmt. Dies ist aber für viele bei 3D-Grafik anfallende Aufgaben wie Transformationen, Skalarmultiplikationen, Clippen und Backfaceculling zumindest annähernd der Fall. Der i860 ist also für diese Aufgaben nicht nur wegen seiner allgemein hohen Fließkommaleistung, sondern auch wegen seiner internen Struktur besonders gut geeignet. In der Tat dürfte bei den meisten dieser Operationen 40 MFLOPs erreicht oder überschritten werden, solange währendessen nicht zu viele Werte mit dem Hauptspeicher ausgetauscht werden müssen.

3 Die Grafikeinheit

Die Grafikeinheit [1] stellt zwei Verfahren zur Verfügung, nämlich die lineare Interpolation von Fixkommawerten, wie man sie z.B. für die RGB-Werte bei Gouraudshading braucht, und den Z-Buffer-Algorithmus. Zum Interpolieren benutzt die Grafikeinheit den Addierer, um 64 Bit-Integer bzw. Fixkommadditionen zu ermöglichen (das kann auch unabhängig von Grafikrechnungen benutzt werden), sodaß von Pixel zu Pixel die Steigung der RGB-Werte zum momentanen Wert dazuaddiert werden kann. Neben der Breite ist der Vorteil gegenüber der von der Core-Unit ausgeführten Addition, daß Fließkommaregister benutzt werden, die schneller zu laden und abzuspeichern sind. Vor dem Setzen der Pixel muß noch der Nachkommaanteil der Interpolationswerte abgeschnitten werden. Dies geschieht durch die Befehle *faddp* (Floating Point Add Pixel) zur Interpolation der Pixel-Farben und *faddz* (Floating Point Add Z-Value) zur Interpolation der Z-Werte automatisch. Die Vorkommaanteile werden bei diesen Befehlen in das sogenannte Merge-Register geschrieben, und dieses verschoben, sodaß sich nach 2-4 Operationen (je nach Breite der RGB- bzw. Z-Werte) das Merge-Register mit den Vorkommawerten gefüllt hat. In Abbildung 2 sieht man, wie zwei Fixkommazahlen mit 8 Bit Vorkomma- und 24 Bit Nachkommanteil fsrc1 und fsrc2 zu fdest addiert werden, der Vorkommaanteil in das Merge-Register kopiert und dieses pro *faddp*-Befehl um 8 Bit nach rechts geschoben wird. Ein großer Nachteil der Interpolationsbefehle ist, daß Unter- und Überläufe nicht abgefangen werden.

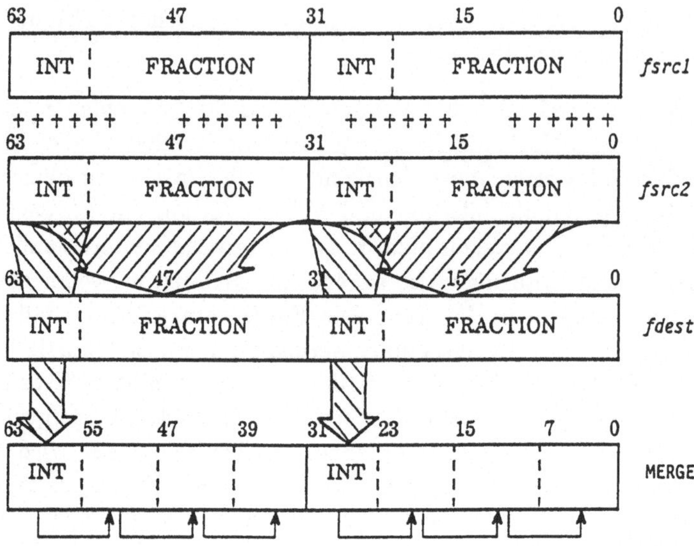

Abbildung 2. Der Befehl zum Gouraud-schattieren (Quelle: [3]).

Ferner gibt es Befehle, die zwei 32 Bit oder vier 16 Bit Z-Werte vergleichen. Sowohl die gelesenen Werte des Z-Buffers, als auch die interpolierten Werte müssen leider in Fließkommaregistern stehen, sodaß man nach Verwendung des *faddz*-Befehls erst das Merge-Register in ein Fließkommaregister kopieren muß, was einen Takt kostet. Je nach den Ergebnissen der Vergleiche werden „Pixel-Mask-Bits“ im Statusregister gesetzt bzw. zurückgesetzt, die von *pst* (Pixel Store), dem Befehl zum abspeichern der Farben in den Frame-Buffer ausgewertet werden. Dieser Befehl transferiert bis zu 64 Bit, wobei das Speichern der darin enthaltenen 32 Bit- bzw. 16 Bit-Felder (je nach Pixelgröße) durch die Pixel-Mask-Bits erlaubt werden kann. Unverständlicherweise stehen diese Bits meist an einer falschen Stelle und müssen verschoben werden. Die innerste Schleife zum setzen zweier True-Color-Pixel enthält in unserer Realisierung drei *faddp* (2 Pixel x 3 Farben x (8+24 Bit)), ein *faddz*, 2 Befehle zum Transferieren der (Z- bzw RGB-) Ergebnisse aus dem Merge-Register heraus, ein Z-Buffer-Vergleich, ein Befehl zum Schieben der Pixel-Mask-Bits und eine erzwungene Fließkomma-No-Operation. Von den 9 Befehlen erfüllen also nur 5 eine prinzipiell unvermeidbare Aufgabe (siehe auch [1]). Eine Ersparniss an Programmieraufwand oder Codelänge durch diese Befehle ist nicht festzustellen. Allein die Routine zum Setzen eines nicht-texturierten, Gouraud-schattierten Dreiecks umfaßt über 3000 Zeilen und weit über 100 kByte Quell-Code.

4 Leistungsmessungen an dem Grafik-Subsystem

Es folgen einige gemessene Zeiten für das Rendern eines typischen Objektes in True-Color ohne Löschen des Frame- und Z-Buffers. Bei einem Hintergrund, bei dem sich die Farbe nur in y-Richtung ändert, ist die Zeit zum Löschen meist vernachlässigbar, da dann der Flashwritemodus der Video-Rams benutzt werden kann. Bei typischen Werten der Parameter der Renderingzeit wurde gemessen, was ein zusätzliches Element kostet. Als typisch gilt dabei je eine gerichtete Lichtquelle und eine ambiente Beleuchtung, 800 zum Betrachter gewandte und 800 vom Betrachter abgewandte Flächen, 880 Eckpunkte und 67000 Pixel. Das Objekt besteht nur aus Dreiecken; Bei Verwendung anderer Polygone sinkt die Zahl der pro Sekunde darstellbaren Flächen etwas, allerdings können dann gegebene Geometrien (z.B. ein Auto) oft mit weniger Polygonen angenähert werden. Es ergibt sich:

Rückfläche	$4*10^{-6}$ Sekunden	(Backfaceculling)
Vorderfläche	$4*10^{-5}$ Sekunden	(Backfaceculling,Dreiecks-und Span-Initialisierungen)
Eckpunkt	$3*10^{-5}$ Sekunden	(Belichtung mit ambienter und einer gerichteten Lichtquelle, Transformation)
Pixel	$2.8*10^{-7}$ Sekunden	(Gouraud-Interpolation, Z-Buffer, Schreiben)

Es stellt sich heraus, daß die Renderingzeit in diesen Parametern über einen sehr großen Bereich linear ist. In der Tat erhält man durch einfaches Addieren der Terme

800 Rückflächen	0.003
800 Vorderflächen	0.032
440 sichtbare Eckpunkte	0.013
67000 Pixel	0.019

die Summe 0.067 Sekunden, was recht gut mit den gemessenen 0.058 Sekunden übereinstimmt. Dies entspricht über 27000 Polygonen je Sekunde.

Um dies im richtigen Licht zu sehen, folgen einige Anmerkungen zu der von AITEC entwickelten Grafikkarte, auf der die Messungen stattfanden. Da es sich um eine sehr frühe Version handelt, enthält sie noch keine Intelligenz, um z.B. einen Span oder gar ein ganzes Dreieck in Hardware zu rendern. Andererseits ist der Zugriff bereits sehr optimiert: Es gibt prinzipiell keinen Waitstate, es sei denn, der Speicher kommt nicht nach. Das heißt, beim ersten Zugriff ergibt sich nie ein Wait, wenn man dann aber direkt im nächsten Takt wieder auf die Karte zugreift, muß man auf die Video-Rams warten. Dabei wird vom i860 aus per Software der Grafikkarte mitgeteilt, ob ein Pagemode-Zugriff auf das Video-Ram möglich ist. Das kostet keine zusätzlichen i860-Takte innerhalb der Spanschleife. Die Grafikkarte ist mit dem 64-Bit-Bus verbunden, sodaß zwei True-Color-Pixel gleichzeitig gesetzt werden können. Beim Vergleich der einzelnen Zeiten fällt auf, daß Initialisierung der Dreiecke und die Edge-Interpolationen die meiste Zeit kosten. Die für den projektierten Fahrsimulator vorgesehene Grafikkarte kann daher texturierte oder transparente Dreiecke in Hardware, wobei durch starkes Pipelining auch texturierte Gouraud-schattierte Pixel so schnell erzeugt werden können, wie der Speicher sie aufnehmen kann, d.h. in 25ns.

Eine zusätzliche Punktlichtquelle kostet, selbst wenn alle Vorderflächen beleuchtet werden, nur ca. 0.001 Sekunden, eine zusätzliche gerichtete Lichtquelle noch weniger. Dies alles gilt für den Fall, daß man aufgrund der Bounding-Box weiss, daß das Objekt nicht zu clippen ist. Ansonsten steigt die gesamte Renderingzeit um gut 5%, d.h. wenn ca. 20% des Objekts wegcelippt werden und daher nicht rasterisiert werden müssen, so spart man hierdurch die zur Clipping-Berechnung benötigte Zeit bereits wieder ein.

Schaltet man für die gesamte Szene das Depthcueing an (wobei es zwei Bereiche mit konstanter Zumischung der Depthcue-Farbe gibt und dazwischen die Zumischung linear interpoliert wird) so erhöht sich die Renderingzeit um weniger als 0.5% ! Dies liegt wiederum an der hohen Fließkommaleistung und der Tatsache, daß sich die Pipelineinitialisierung in der vorhergehenden Berechnung „verstecken" ließ.

Wird das Testobjekt 2D-texturiert, so erhöht sich der Aufwand für Initialisierung und Edge-Interpolation eines Dreiecks von $4*10^{-5}$ auf $5.5*10^{-5}$ Sekunden und das Setzen eines Pixels kostet $6.6*10^{-7}$ statt $2.8*10^{-7}$ Sekunden. Obiges Beispiel texturiert zu rendern, kostet also 0.003+0.044+0.013+0.044=0.104 Sekunden in sehr guter Übereinstimmung mit der gemessenen Zeit von 0.106 Sekunden. Das Pixelsetzen kostet jetzt genau so viel wie das Initialisieren der Dreiecke und Spans, und bei dieser Anwendung ist trotz der Spezial-Befehle der Flaschenhals klar bei der Ausgabe der berechneten Dreiecke.

Die Software ist von den Algorithmen her bereits ausgereizt. Sie wurde zunächst unabhängig vom i860 in Pascal entwickelt und optimiert. So wurde das geeignetste Koordinatensystem für die Beleuchtung ausgesucht und dadurch die Zahl der Transformationen stark verringert wird. Ferner werden alle Eckpunkte nur einmal beleuchtet, auch wenn sie Eckpunkte von Flächen mit verschiedenen Oberflächenfarben sind. Eine Ausnahme sind nur die „scharfen" Punkte:
Bei diesen werden bei der Beleuchtung die Normale der gerade aktuellen Fläche benutzt, während sonst immer pro nur eine Normale pro Punkt benutzt wird, die z.B. das Mittel der Normalen der angrenzenden Flächen sein kann. Scharfe Punkte würde man bei einem Würfel, nicht scharfe bei einer tesselierten Kugel benutzen.

Nach der grundlegenden Überarbeitung der Algorithmen wurde das Pascal-Programm auf i860-Spezifika hin optimiert. Außerdem wurde das bei der Beleuchtung anfallende, auf dem i860 nicht in Hardware zur Verfügung stehende Potenzieren durch eine auf dem i860 schneller zu berechnende Funktion approximiert. Die Aufteilung der einzelnen Aufgaben in Schleifen ist extrem wichtig. So müssen einerseits die Pipelines möglichst immer gefüllt bleiben, es sollte der Aufwand zur Pipeline-Initialisierung gering sein (was eher für größere Schleifen spricht), die Konstanten sollten während eines Schleifendurchlaufs in Registern gehalten werden können und es sollte darauf geachtet werden, daß einmal in den Cache eingelesene Werte wieder benutzt und nicht durch andere Werte überschrieben werden, wobei die Größe der Caches und einer typischen Szene berücksichtigt werden sollte. Erst dann wurde das Programm in Assembler übertragen. Der in Abbildung 3 sichtbare Kopf kann mit etwas über 20 Bildern pro Sekunde double-buffered animiert werden, ohne die Rasterisierung wären es sogar fast 150 Frames je Sekunde.

Abbildung 3. Zwei Beispiel-Objekte bestehend aus 916 (Kopf) bzw. 723 (Logo) Dreiecken.

5 Zusammenfassung und Ausblick

Unsere Erfahrungen lassen sich folgendermaßen zusammenfassen:

1. Die meisten zum Rendering notwendigen Berechnungen, außer der Rasterisierung, haben eine solche Struktur, daß sie die Fließkommapipelines des i860 optimal ausnutzen. Spezielle Fließkomma-Prozessoren für 3D-Anwendungen, wie z.B. der 34082, werden daher nicht benötigt.

2. Trotz der Schattierbefehle des i860 ergibt sich hier, speziell bei höheren Auflösungen sowie texturierten oder transparenten Polygonen ein Flaschenhals. Daher ist es sinnvoll, diese Aufgaben auf die Grafikkarte zu verlagern, wo sie in Hardware und parallel zu den Berechnungen des i860 ausgeführt werden können.

3. Bei sorgsamer Auslegung der Algorithmen auf die typische Größe von Objekten einerseits und die Größe des Daten-Caches andererseits ist die Abbremsung des i860 durch Zugriffe auf den Hauptspeicher nicht so drastisch ausgefallen, wie man vielleicht befürchten könnte. Außerdem hat Intel eine verbesserte Version mit mehr als doppelt so viel Cache (16+16 kByte statt 4+8 kByte) und 50 MHz Takt angekündigt [2]. Diese hat außerdem dank optimierter Buszyklen, z.B. einem BurstModus, wie man Ihn vom 68030/68040 her kennt, eine um den Faktor 2.5 höhere Busbandbreite.

4. Viele Geschwindigkeitssteigernde Eigenschaften des i860, wie z.B. DOP und DIM, aber auch die Pipelinestruktur des Addierers und Multiplizieres lassen sich nur mit hohem Programmieraufwand ausnutzen. In der Tat nutzen compilierte Programme die Fähigkeiten dieses RISC-Prozessors meist bei weitem nicht aus.

Literatur

[1] Using i860 Microprocessor Graphics Instructions for 3-D Rendering, Intel Applcation Note AP-434

[2] B. Wopperer: Multiprocessing mit RISC Power, Design & Elektronik 13/1991, Seite 64

[3] N. Margulis: i860 Microprocessor Architecure, McGraw-Hill

[4] C. Hornung, J. Pöpsel: 3-D 'a la carte, c't 4,5,7,8,10/1989

[5] i860 Programmer's Reference Manual, Intel GmbH

Danksagung

Herzlichen Dank an Frau Dr. U. Claussen und Herrn J.Pöpsel für die Anmerkungen zu diesem Text. An dieser Stelle möchte ich ferner erwähnen, daß die Software-implementation zusammen mit Herrn J.Pöpsel durchgeführt wurde, von dem auch das zugrundeliegende Pascal-Programm stammt.

DAS SYSTEMKONZEPT DES ESIG-4000 BILDGENERATORS

J. Müllner
September, 1991
EVANS & SUTHERLAND
Simulation Division, München

EINLEITUNG

Im vergangenen Jahrzehnt hat sich die Technologie im gesamten Computerbereich rasant verändert und sowohl im Hinblick auf Kosten, als auch auf die verschiedenen Anwendungsbereiche völlig neue Perspektiven eröffnet. Durch die Steigerung der Integrationsdichte und der Rechengeschwindigkeit konnten auch neue Wege in der Sichtsimulationstechnik beschritten werden. Im folgenden wird ein Hochleistungssichtsystem neuester Technologie beschrieben, welches durch seine völlig neuartige Konzeption für die zukünftige Entwicklung der Sichtsimulationstechnik richtungsweisend sein wird.

BISHERIGE PROBLEMSTELLUNGEN UND NEUE ANFORDERUNGEN

Obwohl in den vergangenen Jahren erhebliche technische Veränderungen in der Computertechnologie stattfanden, hat die Technik der Datenbasiserstellung mit dieser Entwicklung nicht Schritt gehalten. Die Workstations und Peripheriegeräte zur Datenbasisgenerierung sind zwar leistungsfähiger geworden, an der Methode der Datenbasiserstellung hat sich jedoch nichts wesentliches geändert. Die Erstellung von Datenbasen erweist sich immer noch als langwierig und kostenintensiv. Zum Teil liegt dies auch daran, daß durch die Verbesserung der Sichtsysteme der Anspruch der Kunden in puncto Szenenvielfalt und Datenbasisgröße gestiegen ist und durch die zunehmende Einbindung der Sensorsimulation im militärischen Bereich (Radar, Infrarot, Nachtsicht) die Komplexität der Datenbasen und Bildgeneratoren erheblich angewachsen ist. Die Herausforderung in der Zukunft liegt nun darin, die Resourcen moderner Bildgeneratoren voll auszuschöpfen und gleichzeitig die Erstellung der Datenbasen drastisch zu verkürzen. Die höchste Anforderung wird diesbezüglich von der operationellen Forderung "Mission-Rehearsal Tauglichkeit" gestellt. Für Simulatoren in diesem Anwendungsbereich sollen z.B. Datenbasen von mehreren hundert km^2 mit hohem Detaillierungsgrad, aus teilweise inhomogenen Quellmaterial verschiedener Güte, in weniger als 48 Stunden erstellt werden. Das Erstellen von vergleichbaren Datenbasen nach herkömmlichen Verfahren beansprucht mehrere Monate. Das operative Ziel dieser schnellen Datenbasiserzeugung ist das realitätsnahe Training anhand von aktuellsten Lagedaten mit allen Sensoren des Waffensystems , unmittelbar vor dem eigentlichen Einsatz. Der Einsatz kann sowohl aus der Luft mit Strahlflugzeugen und Hubschraubern, als auch mit Bodenfahrzeugen erfolgen. Durch dieses Einsatzprofil ergibt sich eine hohe Datenbasiskomplexität, welche neben dem Problem der schnellen Datenbasisgenerierung auch hohe Anforderungen an den Bildgenerator stellt. Es müssen beispielsweise unterschiedliche Displaysysteme bis hin zu komplexen Area-of-Interest Projektoren angesteuert werden können. Ferner verlangen taktische Szenarien eine hohe Anzahl von frei beweglichen Objekten und damit verbundene Sonderfunktionen wie Mehrfach-Kollisionsberechnung, Simulation von Laserentfernungsmessungen, Rundum-Bedrohungsberechnung, und aufwendige On-Line Modellwechselfunktionen. Da mit herkömmlicher Bildgeneratortechnologie diese o.g. Probleme und Anforderungen nicht lösbar sind, wurde bei Evans & Sutherland eine völlig neue Konzeption für ein Sichtsystem entworfen, welche durch den Einsatz neuartiger Verfahren und Systemarchitekturen die Anforderungen der kommenden Jahre erfüllt (siehe Abb. 1). Obwohl derart aufwendige und kostenspielige Bildgeneratoren derzeit nur extrem hohen Anforderungen vorbehalten sind, wird die Entwicklung einer Technik angezeigt, welche vielleicht in zehn Jahren als Standardtechnik angesehen wird.

Important Requirements for the 90's / ESIG-4000 Key Features	Faster Database Generation	Better Terrain Fidelity	Higher Feature Density	Increased Realism	Improved Response Time	Advanced Display Support	More Freedom for Moving Models	More Complex Scenarios	Larger Area Databases	Clouds / Mountains Penetration	Sensor Correlation
Separation of Features and Terrain	x	x	x	x					x		x
Full Color Global Macro Texture			x	x							x
Continuous LOD Evolution		x	x	x		x					
Increased Polygon Capacity		x	x	x				x			x
Terrain from Stored Grid Posts	x	x		x					x		x
R-Buffer	x		x	x			x	x		x	x
Flexible Feature/Terrain Conformality Modes	x	x	x	x			x	x	x		x
Low Transport Delay					x	x					
More Powerful Instancing Capability	x		x	x				x	x		x
Span Mapping for NLIM and Dynamic NLIM						x					

Abb.1 Anforderungs/Leistungsmatrix Bildgenerator

DAS KONZEPT DES ESIG-4000

Das von E&S für o.g. Aufgaben entwickelte ESIG-4000 Sichtsystem basiert auf mehr als 20 Jahren Erfahrung in Echtzeitcomputergraphik und z.T. völlig neuen Verfahren und Algorithmen. Im folgenden werden die wichtigsten neuen Verfahren und Merkmale beschrieben.

Getrennte Verarbeitung von Gelände und Objekten

Der augenfälligste Unterschied zu herkömmlichen Bildgeneratoren besteht in der getrennten Echtzeitverarbeitung von Gelände und darauf befindlichen 3 D Objekten (Abb. 2). Mit diesem aufwendigen und komplizierten Verfahren wird ein sehr zeitaufwendiger Prozess der bisherigen Off-Line Datenbasiserstellung in den Bildgenerator verlagert. Der Datenbasisdesigner braucht bei der Modellierung der 3D Objekte keinerlei Rücksicht mehr auf die Geländeform nehmen und kann alle Objekte frei auf einer Ebene, d.h. in der Aufsicht, entweder manuell oder automatisch nach Vorgabe durch Luftbilder oder DMA-DFAD Daten plazieren. Das Gelände wird in einem parallelen Verarbeitungsschritt von DMA-DTED Daten oder photogrammetrisch vorverarbeiteten Luftbildern in ein digitales Höhenraster umgewandelt. Entgegen der herkömmlichen Geländedarstellung in polygonaler Form wird im ESIG-4000 das Höhenraster, d.h. die Z-Werte mit impliziter x/y Koordinate, direkt verarbeitet. In einem Verarbeitungsschritt vor der Kombination des Geländes mit den 3D Objekten wird On-Line das Gelände in Dreiecksflächenelemente umgerechnet. Dieses Verfahren hat gegenüber der rein polygonalen Geländedarstellung den Vorteil, daß nur ca. 1/40 der Speicherkapazität benötigt wird und ein kontinuierliches, automatisches Detailstufenmanagement für das Gelände möglich ist, ohne daß während der Datenbasisgenerierung verschiedene Geländedetailstufen mit den zugehörigen Detailstufen der 3D Objekte generiert werden müssen.

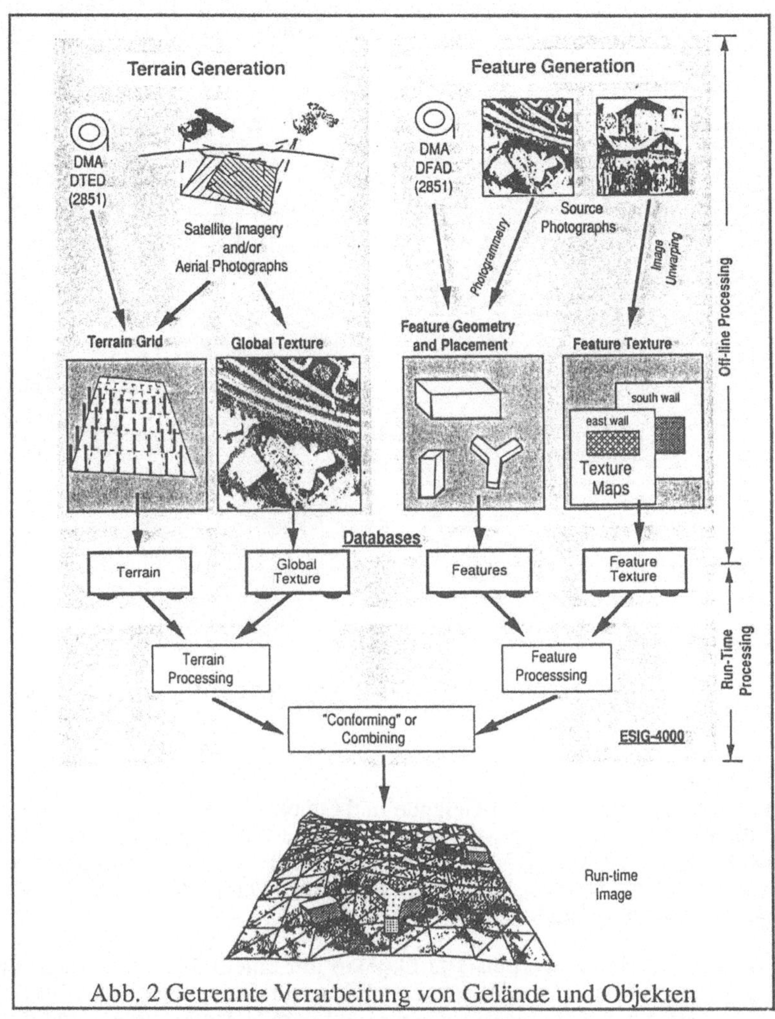

Abb. 2 Getrennte Verarbeitung von Gelände und Objekten

Detailstufenmanagement

Das Detailstufenmanagement (Level-of-Detail (LOD) Management) erfolgt getrennt für Gelände und Objekte. In beiden Fällen werden im ESIG-4000 neue Wege beschritten:

Das Detailstufenmanagement für das Gelände erfolgt entgegen herkömmlicher "uniformer" LOD Techniken nicht nur entfernungsabhängig, sondern "non-uniform", d.h. von der darzustellenden Geländeform abhängig. Je gebirgiger das Gelände ist, desto detaillierter wird der betreffende Geländeausschnitt auch in der Entfernung dargestellt (Abb. 3a,b). Auf diese Weise werden auch sehr unregelmäßige, weit entfernte Geländekonturen mit ihrer Silhouette genau dargestellt, was insbesondere für die Navigation und die Korrelation mit dem Radarbild wichtig ist.

Beim Detailstufenmanagement für Objekte findet ebenfalls eine neue Technik Anwendung, das sogenannte "Betweening". Während herkömmliche Verfahren für den Detailstufenwechsel entweder sichtbare Sprünge zwischen den verschieden detaillierten Modellen erzeugten und zusätzliche Systemkapazität beim transparenten Überblenden (Fade LOD) erforderten, wird beim ESIG-4000 das Objekt zunächst in der höchsten Detaillierungsstufe modelliert. Der Bildgenerator erzeugt dann in Echtzeit und in Abhängigkeit von der Entfernung und voreinstellbaren Parametern ohne sichtbare Übergänge das optimale, vereinfachte Modell durch automatische, sukzessive Vergröberung der Objektform. Auf diese Weise werden das Modellieren von Objekten stark vereinfacht und die Systemkapazitäten optimal genutzt.

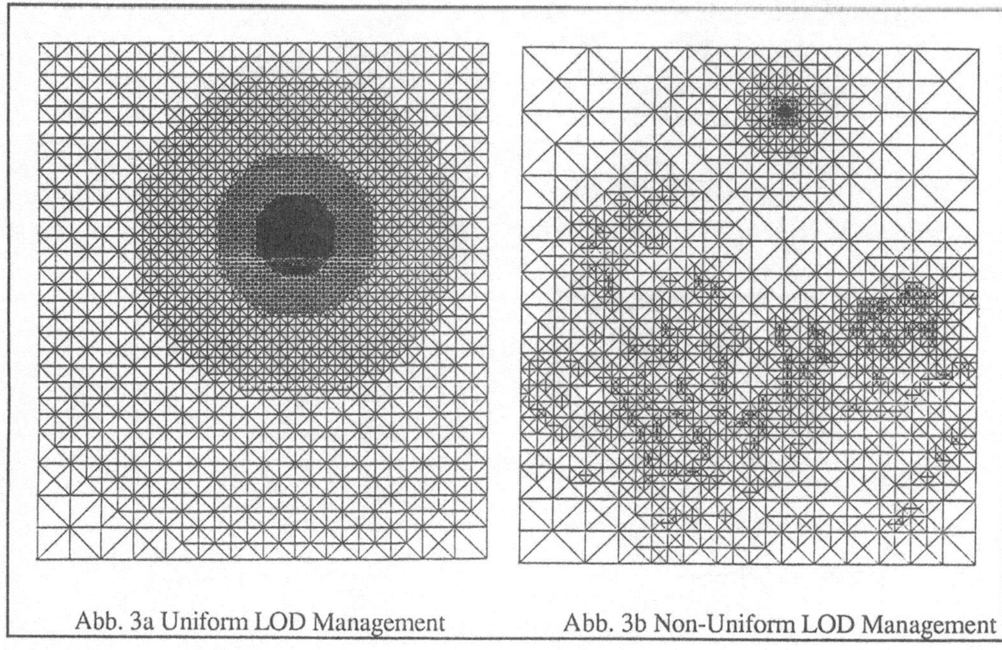

Abb. 3a Uniform LOD Management

Abb. 3b Non-Uniform LOD Management

Conformal Modes

Durch die getrennte Verarbeitung von Gelände und Objekten und Kombinieren derselben im Anschluß an die LOD Berechnung bestehen verschiedene Möglichkeiten in der "Dekoration" des Geländes. Diese "Conforming Modes" bestimmen die Visualisierung der Objekte und deren Interaktion mit dem Gelände. Bei der Modellierung kann jedem Polygon eines Objektes ein individueller Conforming Mode zugewiesen werden.

Im "Origin Conformal Mode" werden 3 D Objekte mit einem über und einem unter einer Referenzebene liegenden Anteil modelliert. Der Bildgenerator "pflanzt" dann in Echtzeit die Objekte so in das Gelände, daß die Referenzebene auf dem Gelände aufliegt und die unter der Referenzebene liegenden Teile in das Gelände eingetaucht sind, bzw. teilweise sichtbar sind. Beispiele für "origin conform" sind Häuser, Bäume usw. (Abb. 4a)

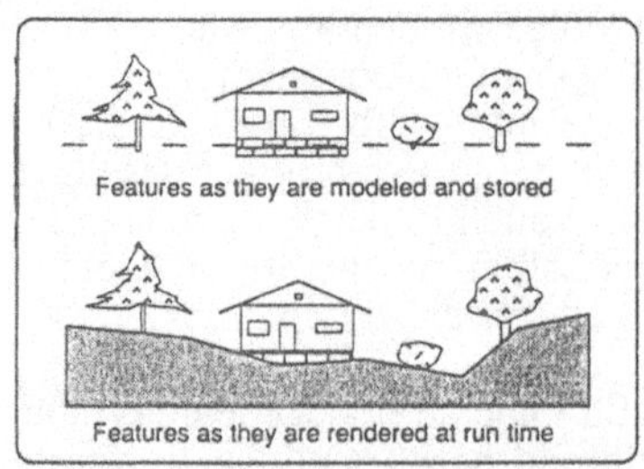

Abb. 4a Origin Conformer Mode

Beim "Line Conformal Mode" werden beispielsweise bei Überlandleitungen nur ein Mast und das Stück der durchhängenden Leitung zum nächsten Mast modelliert. Durch Wiederholung dieses Modells wird eine beliebig lange Strecke im Gelände, unabhängig von dessen Form, in der Aufsicht aufgebaut. Der Bildgenerator plaziert diese Leitungsstrecke so auf das Gelände, daß die Fußpunkte der Masten immer auf der Geländeoberfläche stehen und die Durchbiegung der Leitungsabschnitte zwischen den Masten mathematisch immer richtig ist.(Abb. 4b)

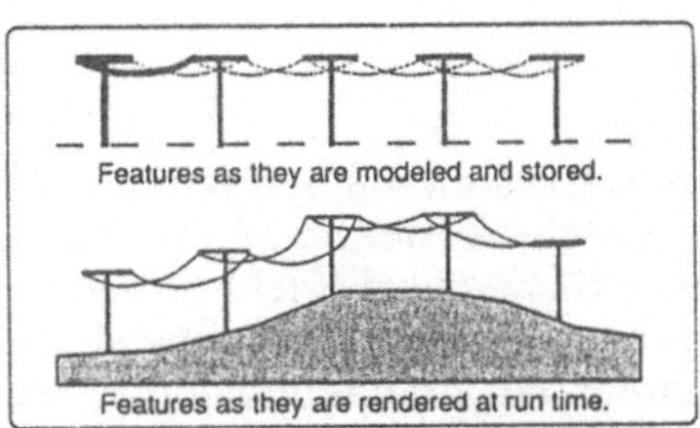

Abb. 4b Line Conformer Mode

Der "Surface Conformal Mode" stellt sicher, daß die Bildpunkte entsprechend gekennzeichnete Objekte immer auf der Geländeoberfläche oder in einem festen Abstand zu dieser zum Liegen kommen. So liegt z.B. eine Pipeline automatisch immer auf der Erde auf und ein Schatten wandert mit dem zugehörigen Fahrzeug auch über ein beliebig gekrümmtes Gelände (Abb. 4c).

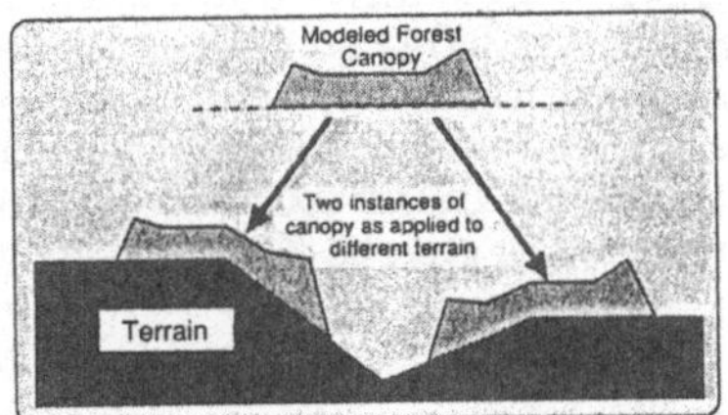

Abb. 4c Surface Conformer Mode

Alle o.g. automatischen Conforming Modes sind mit keinem bisherigen Bildgeneratorsystem möglich.

Bibliothekfunktionen

Um mehrfach wiederkehrende Objekte effizient zu modellieren gab es bislang das sogenannte "Instancing". Hierbei wird ein Objekt unabhängig von der Gesamtdatenbasis einmal modelliert und als Bibliothekmodell abgespeichert. In der speziellen Datenbasis erfolgt dann an betreffender Stelle im Gelände lediglich ein Verweis auf das Modell, welches mit entsprechender Ausrichtung auf dem Gelände abgebildet wird. Im ESIG-4000 können zusätzlich neben allen o.g. Conformal Modes auch Rotation, Translation, Skalierung und Spiegelung auf das Objekt angewendet werden. Dadurch ergibt sich trotz größerer Vielfalt in der Datenbasis ein geringerer Speicherbedarf und eine verkürzte Modellierzeit (Abb. 5)

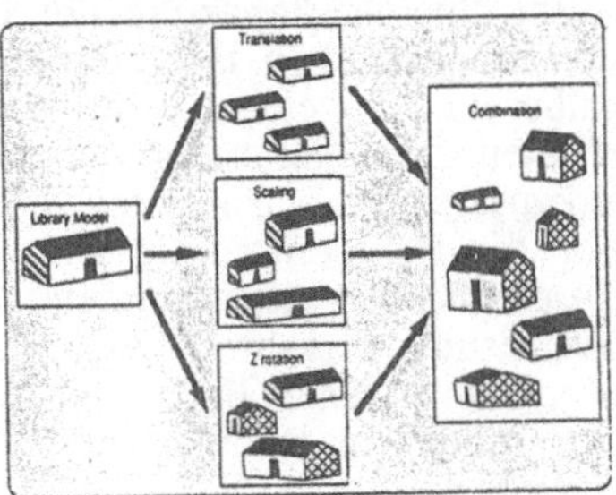

Abb. 5 Modelltransformationen

Eine weitere Verbesserung ist die Möglichkeit der Zusammenfassung von Bibliothekmodellen in Gruppen verschiedener Art. Diese Gruppen können wiederum als individuelle Bibliothekmodelle betrachtet werden und wie Objekte verwendet werden. Die Folge ist eine hohe Vielfalt verschiedenartiger Bereiche in der Datenbasis mit wenigen individuell modellierten Objekten.

Verdeckungsberechnung

Die oben beschriebenen Funktionen wären mit herkömmlichen Verdeckungsalgorithmen wie "cellular priority" oder Z-Buffer nicht darstellbar. Es wurde daher, auch im Hinblick auf die Sichtdarstellung mit einem weiten Blickwinkel (Field-of-View), für das ESIG-4000 ein "Range Buffer" (R-Buffer) Algorithmus entwickelt und in Hardware implementiert. Um die Ineffizienz des bekannten Z-Bufferverfahrens bei hintereinanderliegenden Polygonen zu vermeiden, wurde beim R-Buffer ein "Hidden-Area" Detektionsalgorithmus implementiert. Dieser Algorithmus sortiert die Polygone vor, bevor diese der R-Buffer Hardware zugeführt werden. Auf diese Weise werden nur Polygone per R-Buffer gerechnet, welche teilweise verdeckt sind. Entgegen dem Z-Buffer Verfahren (Entfernung der Z-Ebene zum Augpunkt) wird im R-Buffer auch die tatsächliche Entfernung zu den Sub-Pixelelementen in der 3D Datenbasis berechnet und als Kriterium für die Verdeckungsberechnung verwendet. Auf diese Weise wird in der 2D Abbildung der 3D Datenbasis sichergestellt, daß unabhängig von der Lage im Sichtfeld alle Bildpunkte korrekt verdeckt dargestellt und z.B. für Lasersimulation oder Bedrohungsermittlung im Bereich von 360 Grad um den Augpunkt (Line-of-Sight Ranging) immer korrekte Werte geliefert werden. Um die von Z-Buffersystemen bekannten Mängel in der Bildqualität, insbesondere die Treppenstufeneffekte bei sich durchdringenden Polygonen, zu vermeiden, wurden im ESIG-4000 R-Buffer spezielle Filterverfahren implementiert. Diese stellen sicher, daß alle Kanten die gleiche Qualität haben und frei von störenden Aliasingeffekten sind.

Texturverarbeitung

Texturen, d.h. ein auf ein Polygon aufgebrachtes Muster, sind mittlerweile eine Standardeigenschaft moderner Bildgeneratoren. In ihren Leistungsmerkmalen unterscheiden sich jedoch die verschiedenen Systeme erheblich voneinander. Die betrifft sowohl die Güte der Texturen als die zur Verfügung stehende Anzahl unterschiedlicher Texturtabellen. In vielen Fällen ist die Anzahl der Texturtabellen begrenzt und nur generisch anwendbar, d.h. eine Vielzahl der Objekte und der Geländeausschnitte haben ein und dieselbe Textur. Oft genügt dies nicht den Anforderungen an realitätsnahe Simulation, da die Datenbasis meist sehr eintönig wirkt und nur sehr bedingt die visuelle Orientierung ermöglicht. In der Entwicklung des ESIG-4000 wurde daher gesteigerter Wert auf die Verbesserung der Textur gelegt. Durch neue Techniken werden sowohl die Qualität und Quantität, als auch die Anwendungsmöglichkeiten erhöht.

Objekttexturen

Die derzeitigen Beschränkungen in der Verwendung von Texturen für Objekte liegen in der Regel in der begrenzten On-Line Speicherkapazität, der Detailstufensteuerung und der Farbgebung bzw. den Modulationsmöglichkeiten. Es ist ferner nicht so einfach, Texturtabellen so zu bearbeiten, daß diese über einen weiten Entfernungsbereich frei von störenden Aliasingeffekten sind. Bei der Datenbasisgenerierung muß daher viel Zeit darauf verwendet werden, die verfügbare Speicherkapazität optimal auszunutzen und die Texturtabellen sinnvoll zu unterteilen, die Texturen an die Polygonstruktur anzupassen und die verschiedenen Detaillierungsstufen mit den entsprechenden Filterparametern zu versehen. Beim ESIG-4000 werden die bekannten Texturierungsverfahren wie Macrotextur, Multilayertextur, Contourtextur, Texturbewegung, Transparenz-, Farb- und Intensitätsmodulation verwendet und die zeitaufwendigen Aktivitäten im Rahmen der Datenbasisgenerierung durch verschiedene Techniken stark vereinfacht:

Die Detailstufensteuerung der Textur erfolgt nun beispielsweise ausschließlich durch MIP Mapping [1], einem Verfahren, daß über einen weiten Dynamikbereich stabile Texturen erzeugt. Auf seiten der Datenbasisgenerierstation wurde die Erstellung der Texturtabellen wesentlich vereinfacht. Durch wenige Handgriffe können digitalisierte Photos aus der Perspektive entzerrt und als Texturtabellen abgelegt werden. Derart aufbereitete Texturtabellen stehen dem ESIG-4000 in großen Mengen auf einer schnellen Festplatte in komprimierter Form zur Verfügung. Bei Bedarf werden die Texturtabellen dekomprimiert und On-Line in den Texturspeicher des ESIG-4000 geladen. Auf diese Weise stehen eine große Menge verschiedener Texturen zur Verfügung.

Geländetextur

Im Simulationsbereich zeichnet sich ein deutlicher Trend in der zunehmenden Verwendung von Satelliten- und Luftbildern zur Erzeugung der Geländedatenbasis ab. Durch photogrammetrische Verfahren wird hierbei aus Stereoaufnahmen ein Höhenraster erzeugt und mit der Phototextur eines Bildes überlagert. Je nach Bildqualität der Vorlage können damit Höhenrasterpunkte unter 10 m und entsprechend feinstrukturierte Texturen erreicht werden. Die große Flächenabdeckung von geo-spezifischer, fein auflösender Textur ist ein großes Problem für herkömmliche Bildgeneratoren. Außer der Beschränkung in der Anzahl der On-Line Texturtabellen, muß jedes Geländepolygon explicit einen Verweis auf eine bestimmte Texturtabelle haben, d.h. die großflächige Geländetextur muß in kleine Teile aufgebrochen werden und dem Polygon des Geländes zugewiesen werden. Selbst wenn dieser Prozess teilweise automatisch erfolgen kann, so ist dies doch sehr zeitaufwendig und die Geländefläche durch die Anzahl der On-Line zur Verfügung stehenden Texel (Texturelemente) begrenzt.
Beim ESIG-4000 wird daher ein separater Texturspeicher ausschließlich für Geländetextur (Global Textur) verwendet. Diese Vollfarben-Textur benötigt keinen expliziten Polygonverweis, sondern ist eine Funktion der geographischen Position und wird automatisch auf Polygone aufgebracht, welche als Geländepolygone markiert sind. Die Geländetextur ist somit von der Geländedatenbasis völlig entkoppelt. Dies gestattet die getrennte Erzeugung eines Texturmosaiks aus verschiedenartigen Bildmaterial, d.h. verschiedener Auflösung und Güte. Bei "Mission Rehearsal" Anwendungen können beispielsweise kurzfristig neueste Aufklärungsphotos einfach und schnell an bestimmte Stellen in der Datenbasis eingebracht werden.
Die Detailstufensteuerung erfolgt mit bis zu 20 MIP Stufen und gestattet typischerweise eine Texelauflösung von Bruchteilen eines Meter. Über mehrere Kilometer Entfernung erhält man somit kontrastreiche, stabile Texturen, welche auch bei schnell fliegendem Augpunkt ohne Unterbrechungen von der Festplatte mit hoher Geschwindigkeit nachgeladen werden.

Displaysystemansteuerung

Für den Simulationsanwender befinden sich eine Reihe verschiedenartiger Displaysysteme auf dem Markt. Alle Displaysysteme habe spezifische Vor- und Nachteile und sind je nach Anwendung verschieden. Diesen verschiedenen Displaysystemen muß ein Bildgenerator gerecht werden. Insbesondere für den Hi-End Simulationsbereich gibt es Displaysysteme, welche nur mit erheblichem technischen Aufwand auf seiten des Bildgenerators betrieben werden können.
Das erste Problem stellt sich bei Mehrkanal-Projektionssystemen mit weitem Sichtfeld, welche abseits des geometrischen Bildmittelpunktes in einem Dome ein verzerrungsfreies Bild in das Auge des Betrachters liefern sollen. Die derzeitigen Verfahren zur Nicht-Linearen Abbildung bestehen im Prinzip aus zwei verschiedenartigen Methoden:
Das erste Verfahren bricht große Polygone vor der perspektivischen Projektionsberechnung in kleinere Polygone mit kurzen Kanten auf, welche innerhalb eines vorgegebenen Fehlers die durch die optische Projektion erzeugte Kantenkrümmung kompensiert. Dieses Verfahren funktioniert bei relativ geringer Nichtlinearität. Wird diese grösser, so entstehen eine hohe Anzahl zusätzlicher Polygone, welche zur Überlastung des Bildgenerators führen.
Ein anderes Verfahren bricht das Bild nach der Projektionsberechnung auf die Bildebene in gleiche große Rechteckelemente auf. Dieses Verfahren funktioniert wiederum nur für geringere nichtlineare Verzerrung und einem Sichtfeld bis ca. 150 Grad. Über 150 Grad müssen zwei separate Projektionen berechnet und zusammengefügt werden. Dies resultiert in der Berechnung eines größeren Sichtfeldes wie dem letztlich dargestellten und die Polygonkapazität des Bildgenerators wird überschritten. Außerdem werden verfahrensbedingt nicht in allen

Fällen an den Stellen mit der höchsten Nichtlinearität die meisten linearen Flächenelemente dargestellt. Die Folge sind auffällige, gekrümmte Kanten welche bei schneller Bewegung des Augpunktes in der Datenbasis nicht ortsfest sind.
Der ESIG-4000 Bildgenerator benutzt ein anderes Verfahren zur Lösung o.g. Probleme der dynamischen, nichtlinearen Abbildung. Das Verfahren beruht auf einer Kombination von Segmentierung, perspektivischer Projektion und Verdeckungsberechnung in einem einzigen Prozess und gestattet eine wesentlich höhere Nichtlinearität und ein weiteres Blickfeld. Das System ist beispielsweise in der Lage, ein Sichtfeld größer 180 Grad horizontal und vertikal darzustellen und auch extrem nichtlineare Optiken wie ein "Variable Acuity" System anzusteuern. Ein "Variable Acuity" System bildet die nichtlineare Auflösungscharakteristik des menschlichen Auges nach und wird in sog. "Area-of-Interest" Displaysystemen verwendet [2].

Ein weiteres Problem der Displayansteuerung mit Bildgeneratoren hoher Bildberechnungsfrequenz ist die Limitation auf das Interlace- oder Halbbildverfahren. Aufgrund der enorm hohen Rechenleistung, bei z.B. 60 Hz Bildberechnung, versucht man mit dem Halbbildverfahren einen Kompromiß zwischen Bildqualität und Pixelauflösung. Die Folge ist ein unruhigeres Bild, insbesondere bei kleinen Details, und Doppelbilder bei schneller Bewegung. Das bei modernen Displaysystemen übliche Vollbild- oder Non-Interlace Verfahren vermeidet diese Nachteile und hat durch das stehende Bild bei gleicher Zeilenanzahl eine bis zu 30% subjektiv bessere Auflösung.
Obwohl derzeit nur wenige Vollbild-Projektionssysteme ausreichender Qualität zur Verfügung stehen, ist das ESIG-4000 System für mehr als 1.5 MPixel/Kanal und Vollbilddarstellung bei 60 Hz Bildrechenfrequenz geeignet. Die hierfür notwendige hohe Rechenleistung und Auslesegeschwindigkeit des Videospeichers ist aufgrund speziell entwickelter, schneller VLSI Logik und hohen Bus- Transferraten möglich.

ZUSAMMENFASSUNG

Neue und zukünftige Anforderungen an die Simulationstechnik erfordern neue Konzepte für die Realisierung. Am Beispiel eines neuartigen Bildgeneratorsystems wurde aufgezeigt, wie operationelle Anforderungen, bekannte Systembeschränkungen und gegenwärtige technische Möglichkeiten in die Entwicklung eines Produktes einfließen.

LITERATURVERZEICHNIS

1 Williams,L. "Pyramidal Parametrics"
Computer Graphics, July 1983, Vol. 17, No. 3

2 Fisher, R.W. "Design of an Optimal Simulator Visual System"
Proceedings of the 1986 I/ITSC Conference, Salt Lake City, Utah, Nov. 1986, pp.64-69

3 Cosman M.A., Mathisen A.E., Robinson J.A. "A new Visual System to support Advanced Requirements"
Proceedings of the 1990 IMAGE V Conference, Phoenix, Arizona. June 1990, pp. 371-380

4 EVANS & SUTHERLAND Comuter Corp. " ESIG-4000 Technical Overview"
Copyright Evans & Sutherland Computer Corp, Salt Lake City Utah June 1990

Konzept eines Modelliersystems für Simulatordatenbasen

Rainer Last
Krupp Atlas Elektronik GmbH
Sebaldsbrücker Heerstr. 23
2800 Bremen 44

I. Zusammenfassung

Die kontinuierlich fortschreitende Entwicklung von digitalen Sichtsystemen im Bereich der Trainings- und Forschungssimulation erhöht auch die an die Datenbasisgenerierung gestellten Anforderungen. Aufgrund des weitgefächerten Angebotes, angefangen vom Super Low Cost Simulator, bis hin zum High End System, gehört zu einer Datenbasisgenerierstation vor allen Dingen Modularität und offene Daten- bzw. Systemstruktur.

Neben den vielen anderen Kriterien scheinen diese die einfachsten und am leichtesten erfüllbaren. Sie sind jedoch sehr intensiv und zukunftsorientiert zu planen.

Kriterien der leichten Handhabbarkeit des Systems und ausreichende Tools zur Visualisierung von Geometrie, Farben und Texturen, Datenstrukturen usw. gehören zum Standard.

Wegen der oft geforderten kurzen "Time of Data Base Design" und der Vielfalt der Zielsysteme ergeben sich jedoch ganz neue, in bisherigen Datenbasiserstellungssystemen nicht oder nur unzulänglich berücksichtigte Zielsetzungen.

Teil 1 des Vortrages widmet sich dem Thema

"Modularität und offene Strukturen einer DBGS",

Teil 2 des Vortrages beschäftigt sich mit dem Thema

"Zielsystemanforderungen und Automatismen der Datenbasis-erstellung"

II. Modularität und offene Strukturen einer DBGS

1. Allgemeines

Die Vergangenheit hat gezeigt, daß Kunden, die in mühsamer Kleinarbeit eine Datenbasis erstellt haben, diese Daten nur auf dem Zielsystem verwenden können, für das die Datenbasisgenerieranlage konzipiert wurde. Die Philosophie, eine mit einem Trainingssystem ausgelieferte Datenbasis sei einmalig und werde nur für diese Systemserie angefertigt, ist mit der zunehmenden Einführung von Simulatoren unterschiedlichster Hersteller und deren Vernetzung nicht mehr vertretbar. Der natürliche Wunsch des Kunden, eine einmal entwickelte Datenbasis, z.B. für einen Fahrsimulator, ganz oder teilweise auch in einem Brandbekämpfungssimulator zu nutzen, wird mit dem hier vorgestellten Konzept Realität.

2. Modularität

Ziel der Modularität ist es, für einen weiten Bereich von Zielsystemen die geforderten Daten(strukturen) der Online Datenbasis zu erzeugen.

Modularität bedeutet daher eine offene Systemstruktur, die durch industrielle Standards sowohl das leichte Anbinden von neuer Hardware, als auch das Integrieren neuer Software ermöglicht. Letztendlich ist hiermit nicht das Erweitern einer bzw. gleicher Arbeitsplattformen gemeint, sondern der Verbund kompatibler netzwerkfähiger Systeme, die für sich getrennt eigenständig einen oder mehrere Datensätze für ein oder mehrere Zielsysteme erzeugen.

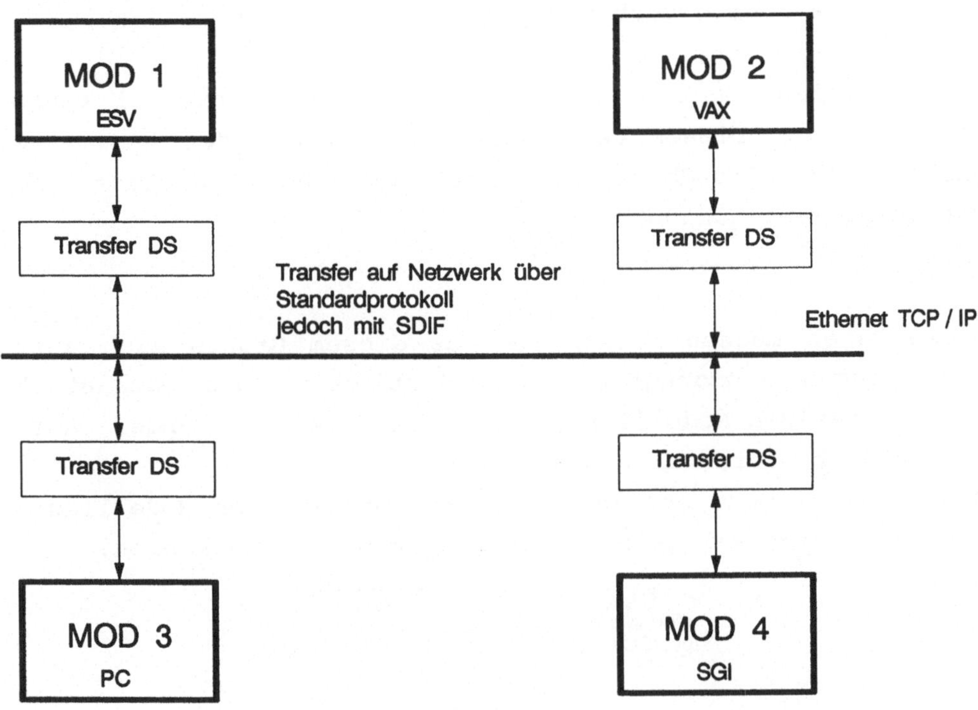

Abbildung 1 :

Modulares Gesamtsystem

3. Offene Datenstrukturen

Ein Datenaustausch im Systemverbund auch auf logischer Ebene, erfordert eine gleichartige Datenstruktur, die einen einfachen Transfer vom einen ins andere System ermöglicht. Diese Datenstruktur sollte

- frei definierbare Datentypen
- Top-Down Hierarchie
- relationale Verbindungen

bereitstellen und über ein Standard-Ethernetprotokoll transferierbar sein. Dieses Datenformat wird wegen des universellen Austauschbarkeits-Charakters SDIF (Standard Database Interchange Format) genannt.

Diese Daten müssen allerdings aus diesem Grunde auch ausreichend gegen Fremdzugriffe geschützt sein. Die Datenstruktur jedes einzelnen Modelliersystems kann dabei eine andere als die offene Systemstruktur haben.
Dies ist zwingend notwendig, um die bestehenden Modelliertools der jeweiligen Anlage ohne Änderungen nutzen zu können.

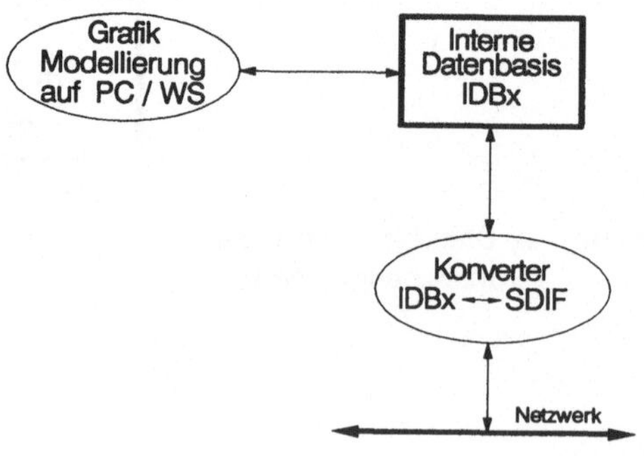

Abbildung 2:
Datenfluß pro Modelliersystem

4. Datenaustauschprinzip

Aufbauend auf die unterschiedlichen Arten von Modelliersystemen (je nach Zieldatenbasis auf PC, Grafik WS, etc.) werden Datenbasen für z.B. Fahrsimulation, Brandbekämpfung usw. getrennt entwickelt. Dadurch wird eine effektive Nutzung der jeweiligen Modelliertools garantiert; Systeme für andere Zieldatenbasen bleiben davon unberührt.
Sollen Datenbasen vom einen Zielsystem in anderen Datenbasen teilweise oder ganz genutzt werden, so werden diese auf dem Quellsystem in ein systemunabhängiges Datenbasisformat (SDIF) transformiert und auf dem Zielsystem in das entsprechende Datenformat rücktransformiert.

Wählt man für das SDIF ein bekanntes Standardformat wie z.B. ähnlich dem SSDB vom Projekt 2851 (was zu prüfen wäre), so hat man gleichzeitig für alle Systemkomponenten den Im- bzw. Export von 2851-Daten ermöglicht.

III. Automatismen der Datenbasiserstellung und Zielsystemanforderungen

1. Analyse der Zielsystemanforderungen

Die wachsende Anzahl und Vielzahl unterschiedlicher Trainingssimulatoren mit oftmals Echtzeitanspruch an deren digitale Sichtsysteme hat im Bereich der Erstellung von Datenbasen für diese Anwendungen sprunghaft an Bedeutung gewonnen.

Die Datenbasen sollen

- für eine möglichst breite Palette von Zielsystemen geeignet sein,
- austauschbar sein,
- in extrem kurzer Zeit erzeugt werden
- mit geringem finanziellen Aufwand produziert werden.

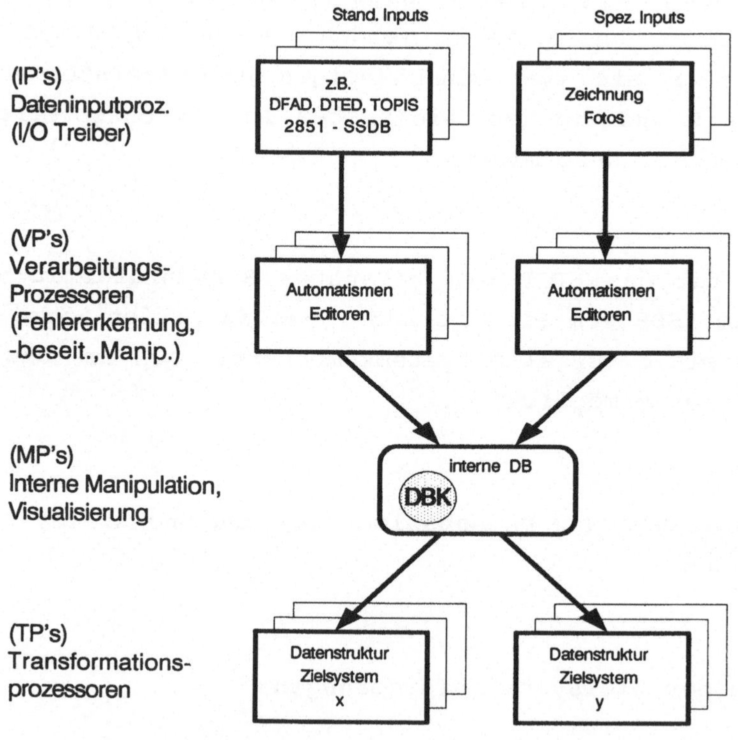

Abbildung 3:
Verfahren zur Datenbasiserstellung

Zunächst ein Überblick der bis heute bekannten bzw. möglichen Simulatortypen mit Sichtsystemen:

- Flugsimulator
- Fahrsimulator
- Schiffsführungssimulator
- U-Bootsimulator
- Zugsimulator
- Brandbekämpfungssimulator
- Flughafensimulator
- Schießsimulator
- abgesessene Infantrie
- Chirurgiesimulator
- Entertainment

1.1 Datenanforderungen der einzelnen Simulatortypen

1.1.1 Flugsimulatoren

- Verkehrsflugbetrieb
  a) sehr große Flächen mit möglichst Fototextur auf relativ grob digitalisiertem Untergrund und markanten Lichtern, Wolkenformationen und Nebel
  b) Start und Landung auf hochauflösend digitalisierten Flughäfen mit deren Lichtern
  c) nicht so hoch auflösend im Tief- bzw. Anflug
  d) hochauflösende Fremdfahr-/flugzeuge
  e) für Hubschraubersimulation im zivilen Bereich hohe Auflösung (Tiefflug)
  f) für Einsatz (Krankentransport, Brandbekämpfung auf Bohrinseln, etc.) spezielle Effekte

- Militärflugbetrieb
  a) sehr große Flächen mit möglichst Fototextur auf relativ grob digitalisiertem Untergrund und markanten Lichtern, Wolkenformationen und Nebel
  b) Full Mission Flug mit höherer Auflösung im Korridor
  c) Sehr hohe Auflösung für Tiefflugsimulation
  d) Hochauflösende Fremd- und Zielfahr-/flugzeuge
  e) IR-Darstellung
  f) militärische Hubschraubersimulation (Tiefflug) mit speziellen Zielmodellierungen und Bebauungsauflösungen

Lagedarstellung und vorprogrammierte Wege für Fremdfahr/flugzeuge gewünscht.
Vernetzbarkeit mit gleichartigen Simulatoren erforderlich

1.1.2 Fahrsimulatoren

- zivil
  a) PKW
     kleinere Flächen mit hoher Auflösung für Straßen, Bewuchs und Bebauung
  b) LKW
     kleinere Flächen mit hoher Auflösung für Gefahrgut-Transporte

  Für beide Simulationstypen sind Straßen nach DIN und von Karten erforderlich

  c) Einsatzfahrzeuge
     wie 1a) und 1b) jedoch mit speziellen Effekten wie Brand, Unfall, etc.

- militärisch
  a) LKW zivil
     wie zivil jedoch mit erhöhten Anforderungen bezüglich Landschaft etc.
  b) Panzer
     wie zivil jedoch mit höherer Auflösung im Gelände
  c) Einsatzfahrzeuge
     wie zivil jedoch mit speziellen Effekten

Mit allen Fahrsimulatoren muß eine exakte Lagedarstellung sowie die Eingabe vorprogrammierter Wege für Fremdfahrzeuge möglich sein.

1.1.3 Schiffsführungssimulatoren

- zivil
  a) für Kanäle und Flüsse mit Schleusen und Häfen in hoher Auflösung
  b) für offenes Meer und Häfen in mittlerer Auflösung

  für beide Typen detaillierte Auflösung von Ufer- bzw. Küstenlinien und Tiefenprofil

  c) Hafenkontrolle für Lotsen und Hafenmeistereien mit Fotorealistischer Umgebung und mittlerer Auflösung der bewegten Objekte

- militärisch
  wie zivil, jedoch mit hoher Auflösung für Fremdfahrzeuge

1.1.4 U-Boot-Simulatoren

Für Periskopsimulation offene Wasserfläche mit Fremdobjekten, Küsten/Uferbereich mit Bebauung und Bewuchs mittlerer Auflösung
Küstenlinien mit Tiefenprofil für Sonar und Eigen- bzw. Fremdbewegung

1.1.5 Zugsimulation

Für offene Strecken mit Streckendaten und Sicht von Video bzw. Bildplatte mit Einspielung von Fremdobjekten und Effekten ins Szenario.

1.1.6 Brandbekämpfungssimulation

kleine Flächen mit extrem hoher Auflösung im Bereich Bebauung (speziell des Einsatzobjektes)

sehr hohe Auflösung der Einsatzfahrzeuge und Effekte
Lagedarstellung hoher Auflösung mit mehreren Schichten (Etagen der Häuser), Untergrundprofil erforderlich

1.1.7 Flughafensimulation (Tower control)

Fotorealistische Umgebung des Towers mit Einspielung beweglicher Objekte mittlerer Auflösung

1.1.8 Schießsimulation

Mittlere Geländegrößen mit relativ hoher Auflösung wegen Optikvergrößerungen

Fremdobjekte mit Auflösungen zur Erkennung und Identifikation

Lagedarstellung erforderlich, Höhenprofil möglich

1.1.9 Abgesessene Infantrie

wie 1.1.8 Schießsimulation jedoch mit hoher Auflösung im Nahbereich zur Orientierung

Personendarstellung erwünscht

Lagedarstellung und Höhenprofil erforderlich

1.1.10 Chirurgiesimulator
(evtl. zukünftige Anwendungen)

sehr hohe Auflösung von Körperteilen und Körperinnenteilen mit realistischer Darstellung

1.1.11 Entertainment

möglichst Phantasiegelände mittlerer Auflösung
bewegte Objekte mit gleicher Auflösung
spezielle Effekte mittlerer Auflösung

Diese Aufzählung erhebt keinen Anspruch auf Vollständigkeit, zeigt jedoch die Vielfalt der zu diesen Systemen erforderliche Datenbasen.

2. Automatismen zur schnellen Erzeugung von Datenbasen

Nach Analyse aller Datenanforderungen der verschiedenen Zielsysteme und einer möglichst kurzen "Time of Data Base Design", ergibt sich in vielen Bereichen der Modellierung der Wunsch nach möglichst effektiven Automatismen. Diese sollten einen möglichst großen Teil der Gesamtdatenbasis automatisch bzw. quasi automatisch erstellen.
Dazu zählen natürlich in erster Linie die Quelldaten, die auf dem Markt bereits erhältlich sind:

DMA-DFAD, -DTED

MILGEO-DLMS/M745, -TOPIS

P2851-SSDB, -GTDB

Die Automatismen hierfür sind mehr oder weniger reine Umsetzer mit entsprechender Intelligenz. Die Erfahrung zeigt jedoch, daß die Quelldaten fehlerhaft und ungenau sein können. Daher ist für diese Quelldaten dringend eine Editorfunktion bzw. Fehlerdetektion notwendig.

Die meisten auf dem Markt käuflichen Modelliersysteme, die die Möglichkeit des Im- bzw. Exports dieser Daten erlauben, haben eine solche Editorfunktion eingebaut.

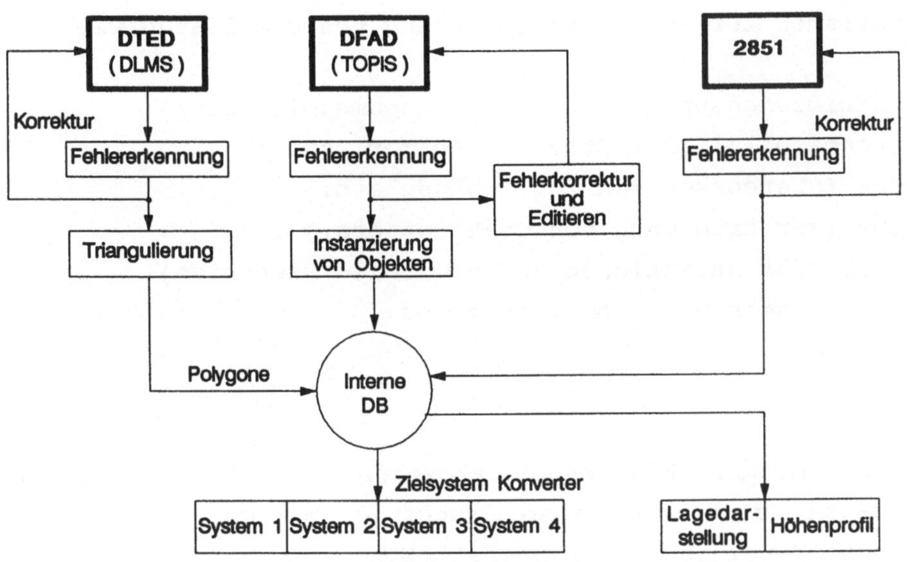

Abbildung 4 :

Standard Automatismen

Automatismen zur schnellen Umsetzung von Quelldaten wie

- Grundrißzeichnungen (für Haus-Innenmodellierung)
- Kartenmaterial (für Straßen, Felder, etc.)
- Fotos (stereoskopisch für Gebäude etc.)
- Fotos (zur Erzeugung von Texturen etc.)
- Videos (für Animationen und spezielle Szenarien)
- Luftaufnahmen und Satellitenfotos

Die automatisch ablaufenden Prozesse für die oben genannten Quelldaten sind teilweise recht aufwendig. Deshalb sind geeignete Vereinfachungen anzustreben.
Automatismen zur schnellen Umsetzung in die Datenstrukturen der Zielsysteme sind selbstverständlich und gehören zum Standard der einzelnen Modelliersysteme.

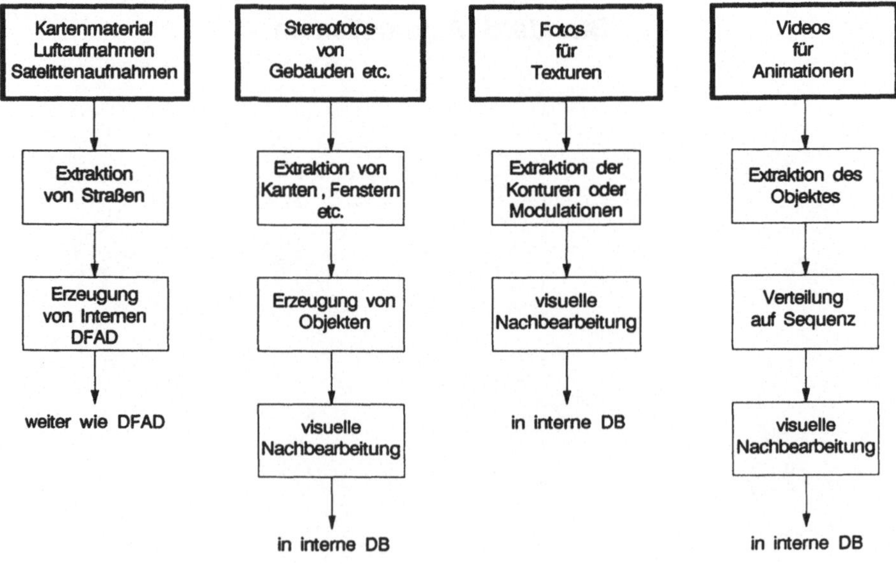

Abbildung 5:
Spezielle Automatismen

3. Konzeption eines Modelliersystems

Viele Sichtsystemhersteller bieten für ihre Sichtsystemhardware spezielle Modelliertools mit entsprechender Hardware an. Diese Modelliertools sind möglichst effizient für diese Systemhardware ausgelegt. Deshalb sollten diese Tools auch voll genutzt werden (das Rad ist nicht zweimal zu erfinden). Sollen die auf dem System erstellten Datenbasen auch auf anderen Sichtsystemen als Datenbasis ganz oder teilweise genutzt werden, so wurde bisher für jedes Zielsystem ein spezieller Transformator entwickelt, sofern der Hersteller diesen lieferte.
Ein Offenlegen der Daten wird oftmals vom Hersteller nicht gewünscht. Um jedoch die Transformation in das SDIF gewährleisten zu können, ist für die interne Datenbasis der Modelliersoftware mindestens eine Datenbasisanfrageschnittstelle zu vereinbaren.

Mit Hilfe dieser Datenbasisanfrageschnittstelle können dann problemlos Transformatoren auf den jeweiligen Modellierstationen erzeugt werden, die einerseits aus der internen Datenstruktur ein generelles "Standard Database Interchange Format" (SDIF) erzeugen und andererseits aus ankommenden SDIF-Daten ein internes Datenbasisformat generieren. Die eigentliche Zielsystemdatenstruktur wird dann wieder mit den vom Systemhersteller gelieferten Umsetzern erzeugt.

Modelliersystem MPMS

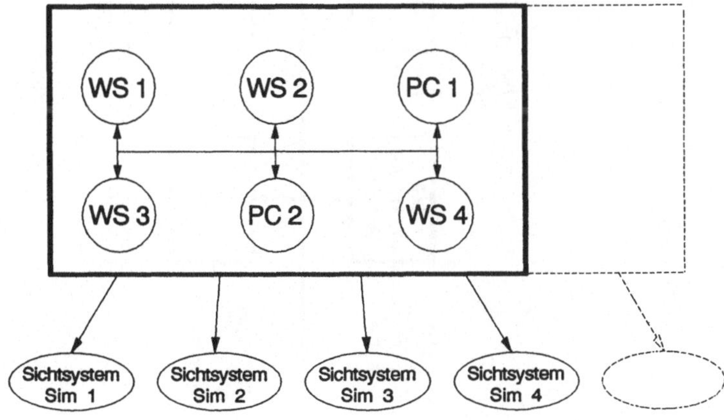

Abbildung 6:
Gesamtkonfiguration

Ein weiterer Vorteil der Vernetzung zwischen den einzelnen Submodelliersystemen ist der, daß spezielle Resourcen (Drucker, Scanner, Tapes, etc.) auch von anderen Subsystemen genutzt werden können.
Im folgenden Bild ist ein möglicher Systemaufbau ersichtlich.

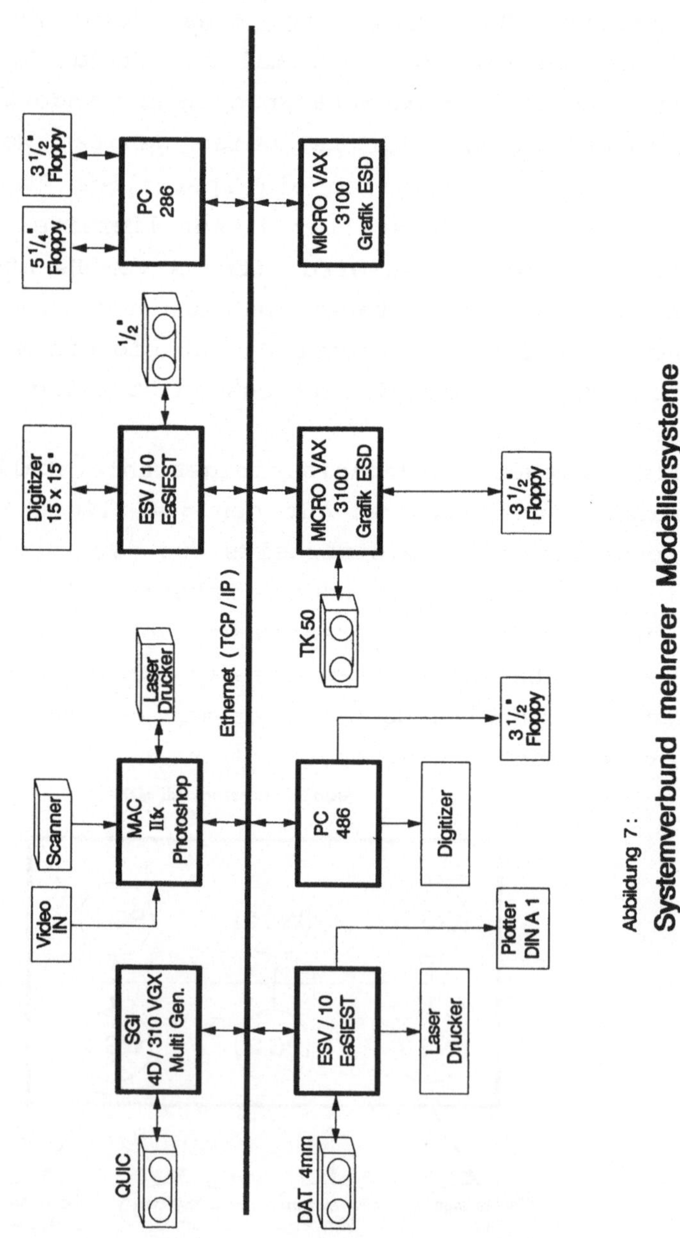

Abbildung 7 :
Systemverbund mehrerer Modelliersysteme

Die multiple Vernetzung von Kauf- und/oder Eigenmodellierungssystemen zu einem Modelliersystemverbund hat diesem Konzept den Namen MPMS (Multi Parallel Modelling System) gegeben.
Das zentrale Modellieren und Datenhalten für die verschiedensten Zielsysteme unserer weitgefächerten Produktpalette an Trainingssimulatoren wird mit diesem hier vorgestellten Konzept die Effizienz weit erhöhen.

Interaktive Straßenmodellierung für Fahrsimulatoren

Anja Schaar
LINEAS Informationstechnik GmbH
Rebenring 33
3300 Braunschweig

Einleitung

Sichtsysteme, die für Fahrsimulationen eingesetzt werden sollen, erfordern eine Datenbasis, die genau für diese Anwendung erstellt ist. Besondere Anforderungen sind an die Realitätsnähe der dargestellten Straßen zu stellen. Es sind Verfahren gesucht, mit denen eine effiziente und korrekte Straßenmodellierung geschehen kann.

Hier soll ein Ansatz für die Straßenmodellierung und seine Realisierung vorgestellt werden. Diese Lösung ist in Zusammenarbeit mit der Volkswagen AG in Wolfsburg (Forschung und Entwicklung, Fahrzeugtechnik Grundlagen) entstanden und wird dort im Fahrsimulator eingesetzt.

Ziel war es, ein Modellierungswerkzeug zu bekommen, mit dem korrekte Straßen und einfache Landschaften schnell modelliert werden können. Der Benutzer soll in kurzer Zeit komplette Simulationsszenen modellieren und ändern können.

Zunächst sollen die Anforderungen an ein Modellierungssystem für Straßen näher beschrieben werden. Siehe dazu auch [Zimmermann].

Die Modellierungssoftware soll:

- korrekte Straßenverläufe erzeugen (Normstraßen)
- komplette Datenmodelle durch wenige Eingaben erstellen
- interaktive Unterstützung anbieten
- auf preisgünstiger Standardhardware ablaufen

Straßenverlauf

Straßen werden in Deutschland unter Berücksichtigung bestimmter Normen gebaut. Genormt sind insbesondere der Verlauf der Straße, die Breite und Fahrbahneinteilung [RAS-Q]. Straßenverläufe sind aus den drei Elementen Geradenstück, Klothoide und Kreisbogen [Kreuz/Osterloh] aufzubauen.

Der Übergang zwischen Geradenstück und Kreisbogen und den Kombinationen davon besteht aus einem eigenen Teilstück, der Klothoide. Diese Klothoide hat die Eigenschaft, daß sich die Krümmung entlang ihres Verlaufs linear ändert. Die Notwendigkeit dieses krümmungsstetigen Übergangs ergibt sich aus den Lenkbewegungen beim Fahren. Im Gegensatz dazu würde ein abrupter Übergang von einer Geraden in einen Kreisbogen sehr abrupte Lenkbewegungen erforderlich machen.

Interessanterweise würde auch das Auge einen Knick im Straßenverlauf ausmachen, wenn ein Geradenstück direkt an einen Kreisbogen angrenzte. Erst die Klothoide bewirkt einen krümmungsstetigen Übergang, der sich auch optisch auswirkt.

Eine Klothoide wird durch die folgenden Größen beschrieben:

- Koordinaten des Anfangs- und Endpunkts,
- Anfangs- und Endtangente,
- Anfangs- und Endkrümmung.

In der Straßenbauplanung werden die Werte für Klothoiden aus Tabellen entnommen [Kreuz/Osterloh]. Dieses Vorgehen ist in einem Programm nicht notwendig. Da jedoch keine geschlossene Formel für Klothoiden existiert, werden sie durch Bézier-Kurven approximiert.

Für die Berechnung der Bézier-Kurven wird im VW-Straßeneditor ein Verfahren von [de Boor, Höllig, Sabin] verwendet. Um einen schleifenfreien Verlauf zu erzielen, wurde dieses Verfahren jedoch modifiziert. Die Punkte und Ableitungen auf der Bézier-Kurve werden mit dem Algorithmus von de Casteljau berechnet.

Parameter der Straße

Um eine möglichst realitätsgetreue Darstellung der Straßen zu erzielen, sollte sich die Modellierung an den Normen orientieren. Zur Normierung gehört, daß die Fahrbahneinteilung und die Breite aller Fahrstreifen festgelegt ist. Auch die Ausmaße der Fahrbahnmarkierungen wie z.B. die Breite und Länge von Mittelstreifen und die Breite der Randstreifen sind definiert.

Ein Beispiel dafür sind Autobahnen, für die es mehrere Normen gibt, z.B. die Norm RQ29 (RQ steht dabei für "Regelquerschnitt"). Diese Autobahn hat inklusive aller Fahrbahnen, der Randstreifen und dem Grünstreifen eine Breite von 29 Metern.

Diese Festlegungen sollten bei der Straßenmodellierung mühelos eingehalten werden können. Sehr hilfreich ist es, wenn sich der Anwender nach der Auswahl des Straßentyps nicht mehr um Fahrbahnbreiten, Mittel- und Randstreifen kümmern muß, denn die Werte dafür sind bereits durch die Norm bekannt.

Im Straßeneditor von VW wird dem Anwender eine Auswahl an Normstraßen angeboten, aus der er den gewünschten Typ auswählt, z.B. Bundesstraße(RQ12), Schnellstraße(RQ16) oder auch Autobahn(RQ29). Es können auch eigene Straßentypen definiert werden. In

Bild 1 sind die folgenden fünf Straßentypen enthalten: einspurige Straße, Landstraße, Bundesstraße, Schnellstraße und Autobahn.

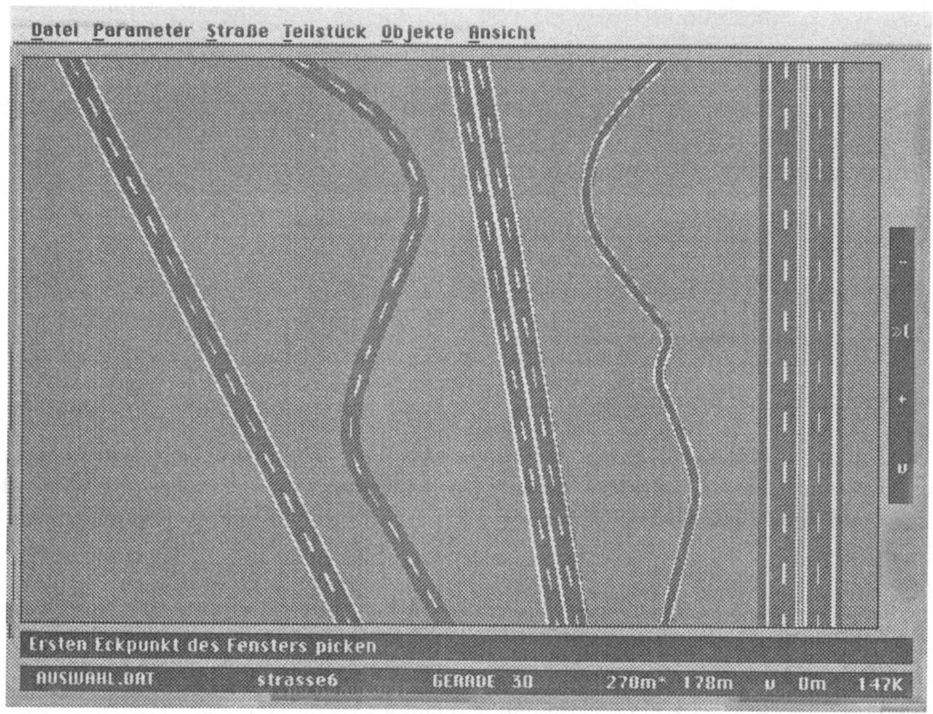

Bild 1: Eine Auswahl von Standardstraßen

Danach braucht sich der Anwender nicht mehr um die Parameter der Straße zu kümmern. Bei der Modellierung wird lediglich der Verlauf der Straße angegeben. Das kann interaktiv durch Zeichnen mit der Maus geschehen oder numerisch über eine Datenschnittstelle. So können auch die Daten bestehender Straßen an den Editor übergeben werden. Eine Straße ist, wie im Straßenbau üblich, durch ihre Teilstücke Gerade, Kreisbogen und Klothoide mit den zugehörigen Parametern Länge, Steigung und Krümmung zu beschreiben. Somit können bereits bestehende Straßen nachgebildet und im Simulator befahren werden.

Zu jedem Teilstück sollten auch die Höhenwerte, ein Steigungswert entlang des Straßenverlaufs und ein Neigungswert, der die seitliche Neigung zum Fahrbahnrand beschreibt, definiert werden. Die Höhenwerte und die Steigungswerte korrelieren miteinander. Werte für Steigung, Höhe und Neigung sollen jedem Teilstück einzeln zugeordnet werden können. Diese Möglichkeit ist im VW-Straßeneditor gegeben.

Interaktive Unterstützung

Für eine komfortable Bedienung des Programms und für eine schnelle Einarbeitung empfiehlt es sich, eine grafische Benutzeroberfläche einzusetzen. Insbesondere ist eine grafische Oberfläche zu empfehlen, die sich an den SAA-Standard hält [IBM1, IBM2]. Oberflächen dieser Art erfordern nur eine kurze Einarbeitungsszeit, weil der Anwender bei ihnen intuitiv weiß, durch welche Aktionen er sein Arbeitsziel erreicht. Dadurch wird es dem Anwender erspart, Befehle auswendig zu lernen. Alle Arbeitsschritte können interaktiv geschehen.

Das folgende Bild zeigt die grafische Oberfläche des VW-Straßeneditors. Alle Menüs können geöffnet werden und die Menüpunkte können durch Anklicken aktiviert werden. Als Beispiel ist im folgenden Bild das Menü Parameter geöffnet, mit dem die Straßenparameter festgelegt werden können.

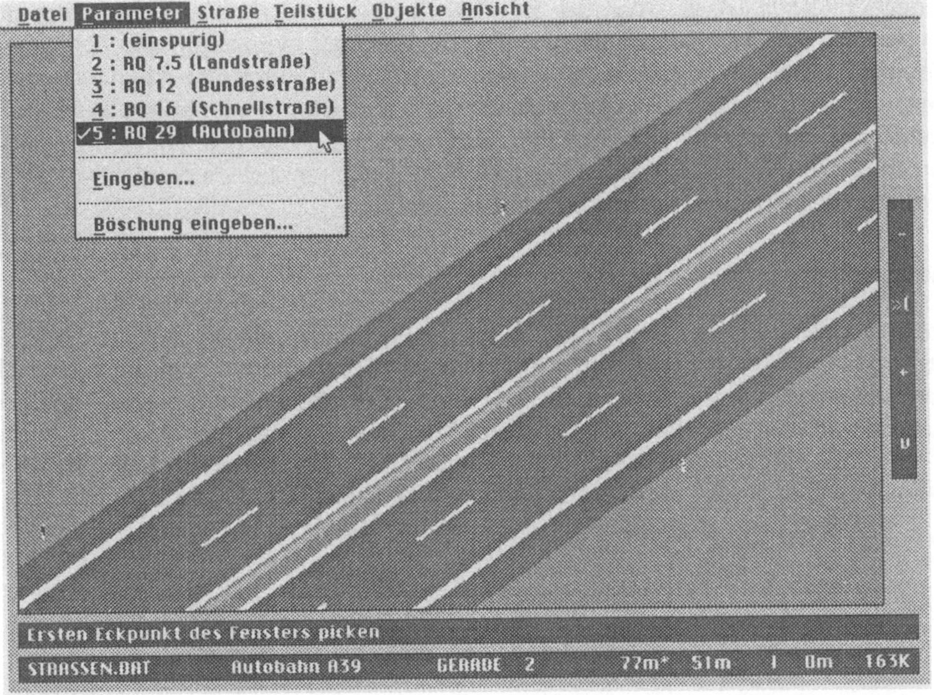

Bild 2: Die Oberfläche des VW-Straßeneditors

Außer den Menüs ist auch die Arbeitsfläche zu sehen, die einen Weltausschnitt von bis zu 20 km $*$ 13,2 km zeigt. Im rechten Teil des Bildes ist ein Fenster mit vier Symbolen, die die Teilstücke Gerade, Kreisbogen, Kreuzung und Auffahrt repräsentieren.

Im unteren Teil ist die Prompt&Feedback Area eingerichtet [Foley, van Dam]. Die unterste Zeile ist die Statuszeile, die den Zustand des Editors angibt und z.B. den Namen der aktuell bearbeiteten Datei und Straße anzeigt. In der Zeile darüber wird angegeben, welche Aktion als nächste vom Anwender erwartet wird.

Zum Konzept der interaktiven Arbeit gehört die Möglichkeit, in die Szene beliebig hinein zu zoomen. Die Selektion von Straßen und Teilstücken ist mit der Maus einfach zu handhaben.

Klothoiden im Straßenverlauf

Zu der interaktiven Unterstützung gehört auch das automatische Einhalten der Normen, daß zwischen Geradenstücken und Kreisbögen und Kombinationen davon Klothoiden gesetzt werden sollen. Es ist eine erhebliche Arbeitserleichterung, wenn die Klothoidenerzeugung vom Programm automatisch übernommen wird.

Wiederkehrende Aufgaben

Besonders hilfreich ist es, wenn bei der Modellierung wiederkehrende Aufgaben unterstützt werden. Bei der Modellierung einer Straße ist es der Normalfall, daß sich Geradenstücke und Kreisbögen stets abwechseln, verbunden jeweils durch eine Klothoide. Deshalb ist stets die Aktion nötig, zwischen Geradenstück und Kreisbogen zu wechseln. Bei der Modellierung mit dem VW-Straßeneditor wird diese Umschaltarbeit automatisch erledigt. Während der Arbeit mit dem Editor kann das Umschalten im rechten Fenster verfolgt werden, es wird das jeweils aktivierte Teilstück angezeigt.

Autobahnauffahrten und Kreuzungen

Interaktive Unterstützung ist auch bei der Erzeugung von besonderen Teilstücken wie z.B. Kreuzungen und Autobahnauffahrten hilfreich. Bei Kreuzungen sollten die notwendigen Anpassungsarbeiten wie z.B. das teilweise Entfernen des Seitenstreifens und Anpassen an vorhandene Straßen automatisch geschehen. Bei Autobahnauffahrten sollte die Einfädelspur automatisch erzeugt werden. Das folgende Bild zeigt eine Kreuzung, die mit dem VW-Straßeneditor durch Aufruf des Menüpunkts "Kreuzung" erzeugt wurde.

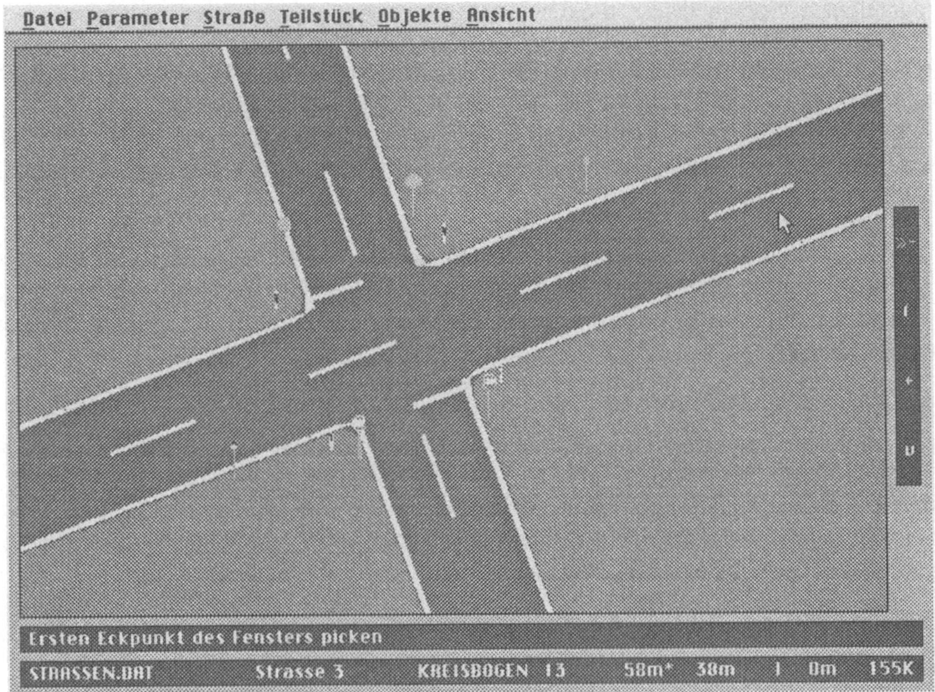

Bild 3: Eine Kreuzung

Schnelle Änderungen an der Datenbasis

Der Anwender hat bei diesem interaktiven Konzept jederzeit die volle Übersicht über die gesamte Datenbasis. Änderungen an der Datenbasis sind keine Schwierigkeit, weil sie ebenfalls interaktiv geschehen. Vorteil ist, daß die Änderungen in ihren globalen Auswirkungen eingeschätzt werden können.

Hardware-Plattform

Ziel bei der Entwicklung eines Fahrsimulators ist auch, mit preisgünstiger Hardware auszukommen und auf Spezialhardware zu verzichten. Gerade die Modellierung kann auf Standardhardware laufen.

Die Erfahrung bei der Arbeit mit Fahrsimulationssystemen zeigt, daß bei der Modellierung der Straßen, Landschaften und Objekte die folgenden Mindestanforderungen an die Hardware gestellt werden sollten:

- Auflösung des Monitors mind. 640 * 480 Punkte
- Anzahl Farben mind. 256
- ausreichende Rechenleistung, um akzeptable Antwortzeiten garantieren zu können

- ausreichend Speicherplatz, um die generierten Szenen abspeichern zu können

Diese Anforderungen werden in der Anwendung bei Volkswagen bereits von PCs der 386-Klasse mit VGA-Grafikkarte und mathematischem Koprozessor (für die rechenaufwendigen Klothoiden) und einer Festplatte ab 20 MB aufwärts erfüllt. Dabei ist natürlich anzumerken, daß das Programm so effizient geschrieben sein muß, daß die Rechenleistung des 386er Rechners ausreicht.

Der VW-Straßeneditor ist bei Volkswagen auf einem 386-PC installiert. Zusätzlich sind dort auch die anderen Modellierungswerkzeuge wie z.B. Objekteditor und Textureditor vorhanden. Der PC erfüllt weiterhin die Aufgabe, als Leitstand für den Versuchsleiter zu dienen [Goldapp].

Wegen seiner portablen grafischen Oberfläche ist der VW-Straßeneditor nicht nur auf einem PC, sondern auch auf UNIX-Workstations ablauffähig. Die Workstation bringt dabei den Vorteil, über eine schnellere CPU zu verfügen. Denkbar ist auch die Möglichkeit, von der speziellen Grafikleistung mancher Workstations wie z.B. der Silicon Graphics Workstations Gebrauch zu machen. Die Darstellung der Szene inklusive Verdeckungsrechnung wird dabei von der Grafikhardware übernommen.

Offenes Konzept für weitere Anforderungen

Zusätzlich zu der Erzeugung der Straßen sind weitere Arbeiten für die komplette Datenbasis notwendig. Zur Komplettierung der Straßenlandschaft gehören ortsfeste Elemente wie Landschaftsflächen und Objekte, die zu plazieren sind. Um Dynamik in die Szene zu bringen, sind die Fahrstrecken von Fremdfahrzeugen zu definieren.

Fremdfahrzeugsteuerung

Bei der Konzeption der Modellierungswerkzeuge für Straßen ist es sinnvoll, auch die Fremdfahrzeugsteuerung mit einzubeziehen, denn fremde Fahrzeuge sind ein wichtiger Bestandteil realistischer Verkehrssituationen. Für diese Fremdfahrzeuge muß die Möglichkeit geschaffen werden, sie durch die Szene zu steuern.

Für die Definition des Kursverlaufs eines Fremdfahrzeugs müssen alle Straßensegmente eindeutig durch Nummern oder Namen bezeichnet sein. Wenn die Fremdfahrzeuge während der Simulationsfahrt durch die Landschaft gesteuert werden, muß die mathematische Definition jedes Straßensegments bekannt sein, damit exakte Positionsberechnungen und Steuerungen geschehen können.

Anforderung an den Straßeneditor muß es deshalb sein, die Numerierung der Straßensegmente bekannt zu geben und die Zuordnung von Segmentnummer zu mathematischer Definition des Straßenverlaufs des Segments an die Fremdfahrzeugsteuerung zu übergeben.

Objekte

Neben den Verkehrsschildern gehören Häuser und Bäume zur Gestaltung einer Simulationsszenerie. Für die Modellierung von Häusern ist es sinnvoll, mit einem Objekteditor zu arbeiten, dessen Daten (=Objekte) im Straßeneditor gelesen werden können. Die erzeugten Objekte sollten im Straßeneditor durch Nennung ihres Namens an eine Stelle plaziert werden, die interaktiv zu bestimmen ist. Zusätzlich sollten die drei Winkel angegeben werden können, um die das Objekt gedreht werden soll. Voraussetzung dafür, daß die Objekte geladen werden können, ist ein gemeinsames Datenformat von Objekt- und Straßeneditor.

Für die Erzeugung von Bäumen und anderen natürlichen Objekten ist es notwendig, auf Texturen zugreifen zu können. Bei der Modellierung von Szenen für Fahrsimulatoren kommen üblicherweise nur Fototexturen zum Einsatz. Diese Texturen sind auf Flächen abzubilden. Für die Erzeugung von Texturen ist ein Textureditor notwendig, mit dem gescannte Bilder nachbearbeitet werden können und an den Editor bzw. das Sichtsystem übergeben werden. Texturen bewirken natürlich auch auf Hausflächen und auf Dächern sowie auf Landschaftsflächen eine Steigerung des realistischen Eindrucks.

Landschaftsflächen

Außer den Straßen und Objekten gehören zu der Simulationsszenerie Landschaftsflächen. Bei der Modellierung der Landschaftsflächen gibt es zwei generell verschiedene Ansätze, die kurz vorgestellt werden sollen.

Ansatz 1: Ziel ist es, eine real existierende Landschaft nachzubilden und auf dieser Landschaft Straßen zu erzeugen. Dabei sind Meßpunkte der Landschaft mit ihren Koordinaten und Attributen wie Art der Vegetation (z.B. Wald oder Feld) in die Modellierung der Landschaft einzubringen.

Für die Modellierung der Straße sind komplizierte Operationen notwendig, denn Straßen und Landschaften müssen einander lückenlos angepaßt werden. Die gegebene Landschaft ist durch diese Anpassungen stark zu verändern. Durch die notwendig gewordenen Schnittoperationen entstehen viele Flächen, die sich negativ auf die Verarbeitungsgeschwindigkeit des Sichtsystems auswirken.

Ansatz 2: Ziel ist es, eine real existierende Straße nachzubilden. Besonderer Wert wird auf einen korrekten Straßenverlauf mit fest definierten Parametern für Geradenstücke, Klothoiden und Kreisbögen gelegt. Um die Straße herum wird eine Landschaft modelliert, die stark vereinfacht ist und nur aus wenigen Flächen besteht. Diese Landschaft ist nicht notwendigerweise das Abbild einer bestehenden Landschaft.

Bei der Fahrausbildung ist es i.A. wichtig, daß der Proband auf Straßen mit realistischen Verläufen fahren kann, daß Objekte wie z.B. Häuser in der Landschaft sind und daß andere Fahrzeuge am Straßenverkehr teilnehmen. Die Darstellung einer realen Landschaft mit originalgetreuen Bergen trägt nichts zur Ausbildung bei. Daher ist der Ansatz 2 zu favorisieren. Die Einsparung von Flächen bei vereinfacht dargestellten Böschungen und Landschaften wirkt sich zudem positiv auf die Verarbeitungsgeschwindigkeit aus.

Aus diesen Gründen ist auch die Modellierung im VW-Straßeneditor auf den Straßenverlauf hin ausgerichtet. Es wird das Konzept realisiert, daß zu jedem Straßenabschnitt eine linke und eine rechte Fläche gehören, deren Lage und Breite bestimmt werden kann. Damit keine Lücken in der Landschaft entstehen, existiert zusätzlich eine Grundfläche, die unter allem anderen liegt.

Dieses Konzept hat den weiteren Vorteil, daß leicht verschiedene Detaillierungsstufen erzeugt werden können, die lückenlos ineinander übergehen.

Für bestimmte Simulationsanwendungen, die über die reine Fahrausbildung auf Straßen hinausgehen, kann es sich als notwendig erweisen, real existierende Landschaften zu verwenden. Das beschriebene Konzept ist auf diese Anforderung hin erweiterbar.

Systemeinbindung

Die Daten der Editoren (Straßen-, Objekt- und Textureditor) sind für die Echtzeitsimulation an das Sichtsystem zu übergeben. In dem hier vorgestellten Konzept des Straßeneditors werden alle Straßen und Objekte mittels attributierten Polygonen beschrieben. Daher können einfach Schnittstellen zu Sichtsystemen erstellt werden, die ebenfalls mit Polygonen arbeiten.

Zusammenfassung

Das hier vorgestellte und realisierte Konzept für die Datenbasisgenerierung in Fahrsimulatoren bietet die Möglichkeit, auf Standardhardware interaktiv realitätsgetreue Straßen zu modellieren. Dabei können die Daten real existierender Straßen übernommen und in die Simulationslandschaft eingebracht werden.

Normen und wiederkehrende Aufgaben werden unterstützt und dem Anwender wird es damit ermöglicht, in kurzer Zeit komplette Simulationsszenerien zu erstellen.

Durch die klar definierte Datenschnittstelle des Straßeneditors kann die modellierte Simulationsszenerie an jedes Sichtsystem übergeben werden, das auf Polygonbasis arbeitet. Das Konzept ist dahin erweiterbar, daß die Straßenmodellierung auf vorgegebenen Landschaften geschehen kann.

Literaturverzeichnis

[de Boor, Höllig, Sabin] de Boor, Höllig, Sabin, Computer Aided Geometric Design 4, North-Holland, Dez. 1987, p. 269ff

[Foley, van Dam] James D. Foley, Andries van Dam, Steven K. Feiner, John F. Hughes, Computer Graphics - Principles and Practice, Addison-Wesley, 1990, pp. 418 - 431

[Goldapp] Michael Goldapp, Sichtsimulation bei Volkswagen, 2. GI-Workshop Sichtsimulation

[IBM1] System Application Architecture, Common User Access, Advanced Interface Design Guide, SC26-4582-0

[IBM2] System Application Architecture, Writing Applications: A Design Guide, SC26-4362-1

[Kreuz/Osterloh] Kreuz, Osterloh, Klothoiden-Taschenbuch, Bauverlag GmbH, Wiesbaden und Berlin, 14.Auflage, 1981

[RAS-Q] RAS-Q, Forschungsgesellschaft für Straßen und Verkehrswesen, Köln, 1982

[Zimmermann] Peter Zimmermann, "Visual Simulation by Means of a Transputer Network for a Driving Simulator" in Application of Transputers 2, IOS Press Amsterdam, 1990, pp. 13-24

Application Visualization System (AVS)

Dipl.-Ing. Martin Berger
Stardent Computer GmbH
Hagenauer Straße 42, D-6200 Wiesbaden

1. Zusammenfassung

In Wissenschaft und Technik fallen immer größere Datenmengen an, die ausgewertet werden müssen. Die Daten fallen bei Messungen und Simulationen an. Eine Möglichkeit der Auswertung dieser Daten ist die Umsetzung in Bildinformation. Die Umsetzung von Daten in Bildinformation umfaßt die Bereiche Computergrafik, Bildverarbeitung, Animation und Benutzer-Oberflächen-Prototyping und wird heute allgemein Visualisierung [1] genannt. Dieser Beitrag zeigt wie eine interaktive Visualisierungsumgebung, die die grundlegenden Visualisierungstechniken bereitstellt, heute aussehen kann.

Da im wissenschaftlichen Bereich die beste Darstellungsweise nicht von vornherein festliegt, muß auf diesem Feld genauso experimentiert werden, wie bei der eigentlichen Arbeit. Ein System, das das Experimentieren mit unterschiedlichen Darstellungstechniken erlaubt, muß deshalb modular aufgebaut sein und dem Benutzer das Zusammenstellen "seiner" Visualisierungsapplikation erlauben. Das vorgestellte System erlaubt dies auch interaktiv und visuell.

Das Feld der Visualisierung technisch-wissenschaftlicher Daten ist so weit, daß ein System nie alle Techniken bereitstellen kann. Desahlb lautet eine Forderung an universelle Visualisierungssysteme, daß sie erweiterbar sein müssen. Dabei ist sicherzustellen, daß für den Benutzer die Erweiterung einfach durchzuführen ist, d.h. daß wohldefinierte Programmierschnittstellen zur Verfügung stehen, und daß die gesamte Funktionalität des Systems auch für benutzerdefinierte Funktionen zur Verfügung steht.

Die bisher vorgestellte Datenanalyse durch Visualisierung beinhaltet aber noch nicht die Interaktion mit Simulationsprogrammen. Um diese Interaktion herzustellen, muß es möglich sein, Modellierungs- und Berechnungsalgorithmen in die Visualisierungsumgebung zu integrieren und deren Parameter zu kontrollieren.

Das hier vorgestellte System AVS integriert alle diese Bestandteile ohne den Benutzer an eine Hardwareplattform zu binden. Das System unterstützt darüberhinaus die verteilte

Bearbeitung von Aufgaben in einem Netzwerk. Damit steht für Visualisierungsaufgaben in der Datenanalyse und in der Simulationstechnik ein flexibles Werkzeug zur Verfügung, dessen Einsatzmöglichkeiten nahezu unbegrenzt sind.

2. Einleitung

Forschung und Industrie produzieren Simulations- und Meßdaten in unvorstellbaren Ausmaßen. Kontinuierlich arbeitende Datenquellen wie Umweltmeßeinrichtungen oder Satelliten liefern Datenmengen in einer Größenordnung von 1 TB pro Tag (1 TeraByte) [2]. Ähnliche Datenmengen fallen bei computergestützten Simulationen an. Mit der Steigerung der Leistungsfähigkeit der Computer und der Speichermedien wird die Datenflut noch weiter zunehmen.

Diese Daten liegen bisher in Form von Zahlenbergen bzw. Papierbergen vor. Die Visualisierung technisch-wissenschaftlicher Daten hat die Aufgabe, diese numerischen Daten in eine Darstellung zu transformieren, die an das menschliche Wahrnehmungsvermögen angepaßter ist. Dabei wird das Ziel verfolgt, die Daten leicht überschaubar und analysierbar zu machen. Gesucht werden letztlich Systeme zur Beherrschung der Informationsflut.

In der Forschung gewonnene Erkenntnisse zur Arbeitsweise der Visualisierung führen zu einer Reihe von Konzepten [4] [5] zur Befriedigung der vielfältigen Anforderungen an solche Systeme. Dazu gehören u.a. eine datenflußorientierte Systemarchitektur, Datenmodelle, vielfältige Darstellungstechniken und Programmierschnittstellen. Diese Konzepte dienen als Basis für die Realisierung von Visualisierungssystemen.

Das Visualisierungsmodell [3], das dem AVS-System zugrundeliegt, wird -sehr vereinfacht- in Bild 1 gezeigt. Simulationsdaten bzw. Meßdaten werden aufbereitet und gelesen. Die so vorverarbeiteten Daten werden gefiltert und bei der 2D-Bildverarbeitung direkt gerendert. Bei vielen Datentypen muss aber vorm Rendern ein Mapping auf geometrische Primitive durchgeführt werden. Sind die Daten gerendert, werden sie auf einem Bildschirm wiedergegeben und sind so der Analyse durch den Techniker zugänglich. Dieser Zyklus kann iterativ durchlaufen werden. Bei den Filtern, Mappern und Renderern werden Parameter verändert oder sie werden gegen andere, besser geeignete ausgetauscht. Wünschenswert ist, daß alle diese Manipulationen interaktiv und leicht durchgeführt werden können. Außerdem ist es wünschenswert den Bereich der Simulation in den Zyklus zu integrieren.

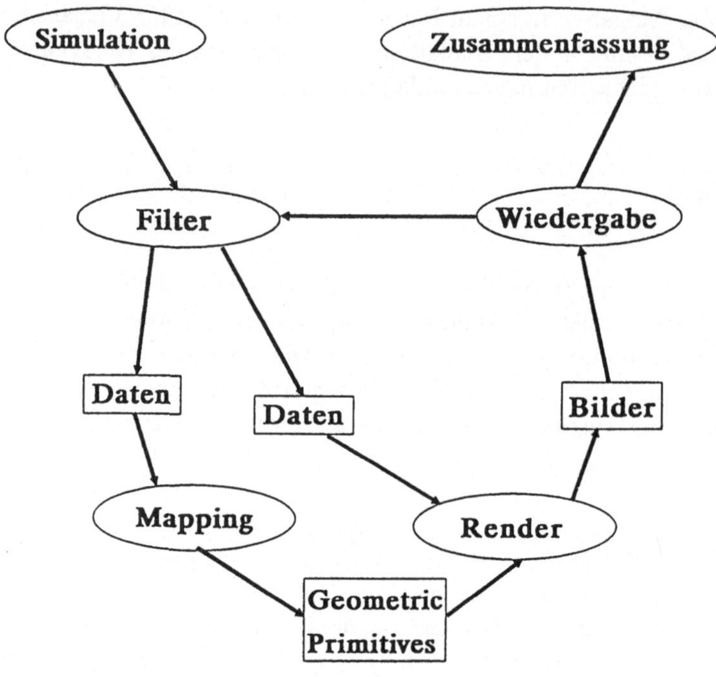

Bild 1: Visualisierungszyklus nach Upson

3. Datenanalyse durch Visualisierung

Das menschliche Sehvermögen ist der beste, weil breitbandigste, Kommunikationskanal. Die multidimensionalen Daten, die von Wissenschaft und Technik geliefert werden, fallen in den unterschiedlichsten Datenformaten an. Je nach Anwendungsbereich sind dann auch unterschiedliche Datenformate für die Visualisierung zu generieren.

Die Daten unterscheiden sich einmal in ihrer Dimensionalität (z.B. 2D, 3D) und in ihrer Struktur (strukturiert, unstrukturiert). Strukturierte Daten können in die Klassen uniform, rechtwinklig und irregulär eingeteilt werden. Bei den unstrukturierten Daten werden zufällige Anordnungen, bei denen es keine Nachbarschaftsbeziehungen gibt, und zellenförmige Anordnungen unterschieden.

Die grafische Präsentation erfolgt durch unterschiedliche Primitive, z.B. durch Plots, Konturlinien, Drahtmodelle, 2D-Bilder, Polygonflächen, Freiformflächen und Voxel. Jedes dieser Primitive hat zusätzliche Attribute, wie Position, Farbe, Orientierung, Größe Textur etc.

Im zweidimensionalen Bereich sind Bildverarbeitungsmethoden zu implementieren. Diese Methoden umfassen folgende Bereiche: Farbtabellenmanipulationen, Intensitätstransformationen, Filterungen, geometrische Transformationen und morphologische Operationen [6]. Dreidimensionale Datensätze können durch Schnitte in zweidimensionale "Bilder" transformiert und dort weiterverarbeitet werden.

Dreidimensionale Objekte entstehen entweder aus strukturierten Daten durch Berechnung von Isoflächen oder durch Visualisierung von Volumendaten direkt aus Volumenprimitiven, sogenannten Voxeln. Bei der Darstellung von 3D-Objekten im Raum sind Modellierungstransformationen durchzuführen, Beleuchtungsmodelle zu realisieren, Oberflächeneigenschaften zu berücksichtigen und Beobachtungsstandorte uvm. auszuwählen.

Zur Darstellung von Vektorfeldern und Tensorfeldern sind zusätzliche Symbole zur Darstellung notwendig. Auch die Visualisierung von zeitlichen Vorgängen, wie z.B. bei einer Wettervorhersage, sind zu realisieren.

Die Aufzählung der Möglichkeiten erhebt keinen Anspruch auf Vollständigkeit, zeigt aber wie vielfältig die Anforderungen an ein Visualisierungssystem sind. Alle diese Darstellungsvarianten müssen oft gleichzeitig verfügbar, teilweise ineinander umwandelbar und interaktiv zu bedienen sein.

4. Interaktive Visualisierungsumgebung

Das AVS-System [7] stellt die grundlegenden Verarbeitungsmechanismen in Form des Graph Viewer (XY-Plots, Kontour-Plots), des Image Viewer, des Volume Viewer und des Geometry Viewer zur Verfügung. Diese Viewer verfügen über ein einheitliches Benutzerinterface und werden durch die Maus gesteuert. Am Beispiel des Geometry Viewer werden die interaktiven Manipulationsmöglichkeiten dargestellt.

Der Geometry Viewer erlaubt die Darstellung, die Manipulation und Veränderung von Objekten, Szenen, Lichtquellen und Kameras. Ein Objekt ist eine Ansammlung von Punkten im 3D-Raum in Weltkoordinaten mit zusätzlichen Informationen wie "Connectivity" und Oberflächenattributen. Szenen sind eine Ansammlung von Objekten, Lichtquellen und Kameras, einer Sicht der "Welt" aus einer Blickrichtung. Mögliche Manipulationen sind zum Beispiel das interaktive Drehen, Verschieben, Vergrößern von Objekten mit der Maus oder einem anderen Eingabemedium. Der Grad der Interaktivität hängt dabei von der Leistungsfähigkeit der zur Verfügung stehenden Hardware ab.

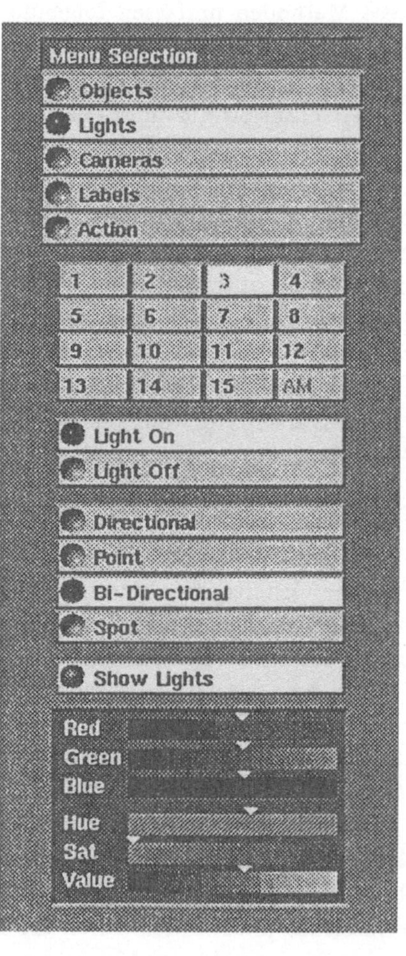

Bild 2: Geometry Viewer "Control Panel", Menu zur Auswahl der Lichtquellen

Ebenso lassen sich über Menues Objekteigenschaften wie Oberflächenbeschaffenheit, Farbe, Transparenz, Darstellungsmodell (Linienmodell, Gouraud- oder Phong-Shading, etc.) und, je nach Möglichkeiten der Hardware, Texturen manipulieren. Auch die Lichtquellen und Kameras werden per Maussteuerung verändert. Im Umgang mit dreidimensionalen Daten ist es oft wichtig, die Daten aus verschiedenen Blickrichtungen zu sehen. Das bedeutet, daß Szenen mit verschiedenen Kameras darzustellen sind, was im AVS durch das Erzeugen einer neuen Kameraeinstellung interaktiv möglich ist.

Zeitlich veränderliche Prozesse können mit Hilfe einer Bildaufzeichnungsfunktion ("Action") prozessiert werden. Nach der Aufzeichnung lassen sich solche Vorgänge dann als Animationsszene abspielen.

Ähnliche Möglichkeiten bieten auch die anderen Viewer. Die Flexibilität, die durch die Verschachtelung unterschiedlicher Techniken gefordert wird, ist auf dieser Ebene allerdings noch nicht gegeben. Diese wird erst durch die visuelle Programmierung von Anwendungen ermöglicht.

5. Visuelles Programmieren

Die oben vorgestellten Viewer erleichtern den Einstieg in die Visualisierung technisch-wissenschaftlicher Daten enorm. Über kurz oder lang fühlt sich der Benutzer aber eingeschränkt in seinen Möglichkeiten. Vor allem besteht oft die Notwendigkeit zur Überführung von Daten in andere Darstellungstechniken oder die Kombination von Daten aus unterschiedlichen Quellen. In diesem Fall ist ein modulares Konzept mit klar definierten Schnittstellen für die einzelnen Module von großer Bedeutung. Die Zusammenstellung von Modulen zu Anwendungen geschieht in vielen Systemen auf der Programmiersprachenebene in C oder FORTRAN. AVS stellt zu diesem Zweck den sogenannten Network Editor, der interaktiv zu bedienen ist, zu Verfügung.

In diesem Editor, der in Bild 3 dargestellt ist, werden die Module innerhalb eines Arbeitsbereiches, rechts unten, visuell zu Anwendungen zusammengestellt. Module werden (mit der Maus) aus einer Modulbibliothek, rechts oben, herausgeholt und in den Arbeitsbereich verschoben. Ein-, Ausgabe- und Parameterports werden (mit Hilfe der Maus) verbunden und es entsteht ein sogenanntes Flußdiagramm innerhalb des Arbeitsbereiches. Zur Steuerung der einzelnen Parameter dienen Ikonen (Widgets). Die Ikonen zum Erzeugen und Manipulieren einer Farbtabelle sind links unten zu sehen. Diese können mit Hilfe des Layout Editors beliebig gruppiert werden, so daß wichtige Parameter erscheinen und andere Parameter den Bediener der Applikation nicht ablenken.

Obwohl AVS bereits 120 Module bereit hält, deckt das System lange nicht alle Visualisierungsaufgaben ab. Allein in der Bildverarbeitung gibt es eine riesige Zahl möglicher Algorithmen. D.h. das System sollte durch den Benutzer erweiterbar sein.

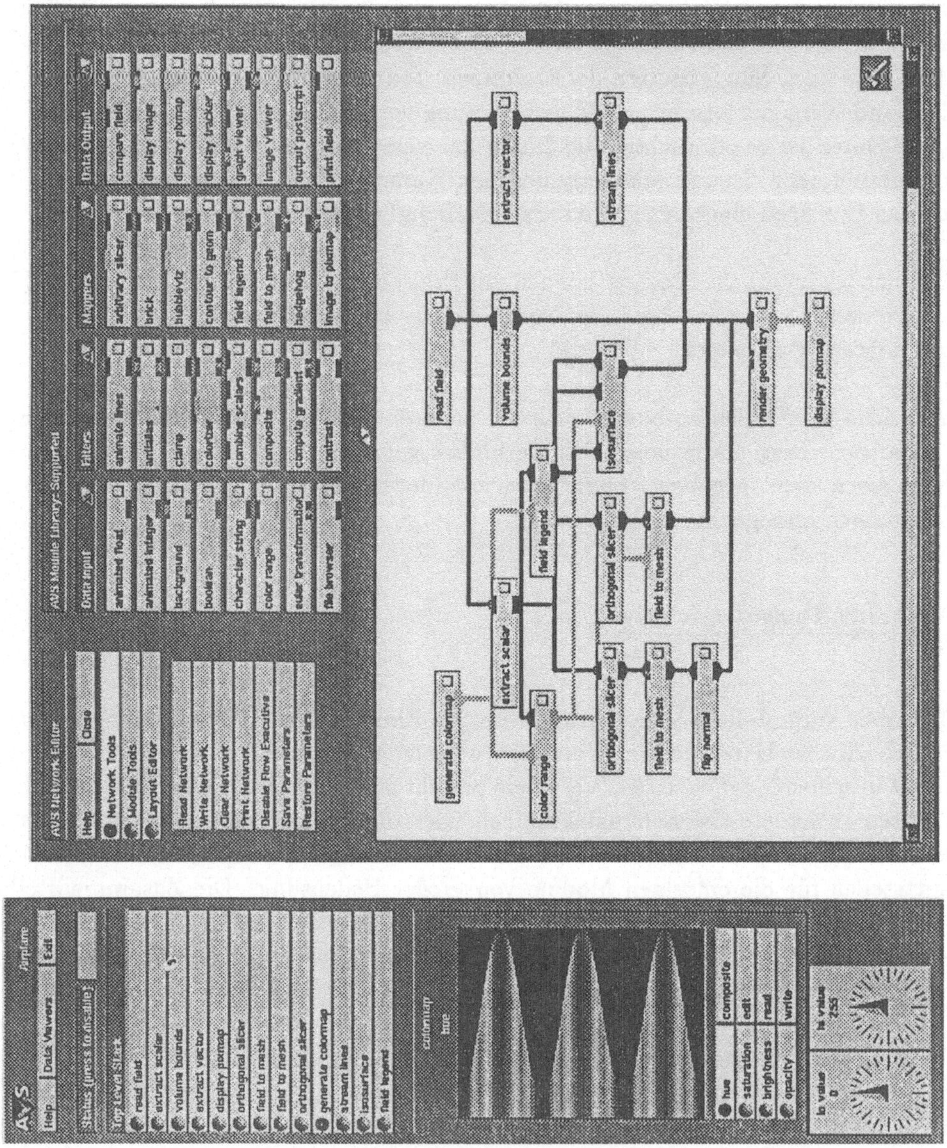

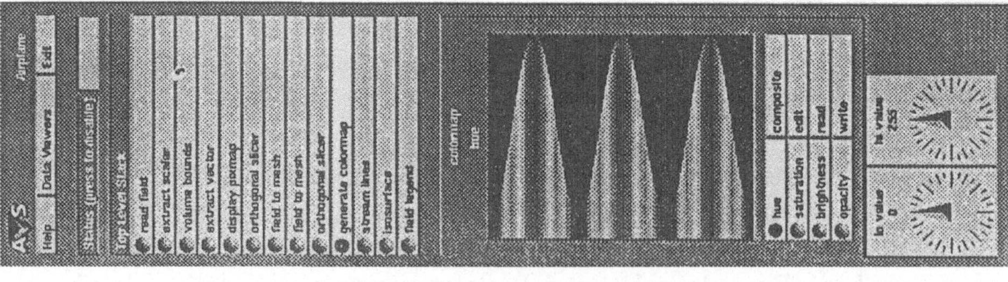

Bild 3: Network Editor

6. Erweiterungsmöglichkeiten

Ein wesentlicher Aspekt bei der Erweiterung von Visualisierungssystemen ist die Ebene, auf der die Programmierung durchgeführt wird. Viele Systeme setzen vom Programmierer Wissen auf dem Gebiet der grafischen Datenverarbeitung voraus. Das hier besprochene System erlaubt die Erweiterung auf einer anderen Ebene.

Daten werden eingelesen und liegen intern immer als Daten in irgendeinem Datenformat vor, unabhängig von der Grafik-Hard- und Software der jeweiligen Plattform; diese werden erst beim letzten Schritt des Visualisierungszyklus, dem Rendering angesprochen. Für den Benutzer bedeutet dies, daß die Erweiterung des Systems ohne Kenntnisse in grafischer Datenverarbeitung durchgeführt werden kann. Bilder liegen zum Beispiel als zweidimensionale Arrays vor, die mit Hilfe von C oder FORTRAN Programmen manipuliert werden können.

Im vorigen Abschnitt wurde erwähnt, daß zu den Modulen Parameter mit Ikonen gehören. Auch diese stehen dem Programmierer in Form von Unterprogrammaufrufen zur Verfügung, so daß sich ein benutzerprogrammiertes Modul nicht von einem fest integrierten Modul unterscheidet.

Die Erweiterung des Visualisierungssystems AVS ist unabhängig von Grafikprogrammierung. Es ist deshalb naheliegend in dieses System auch allgemeine Simulationsprogramme einzubinden. Dem Benutzer wird dann eine grafische Bedieneroberfläche zur Verfügung gestellt; bei Verwendung von geeigneten Datentypen ist die Visualisierung nur ein weiterer Schritt in der Pipeline; und die Möglichkeiten der visuellen und damit interaktiven, experimentellen Programmierung stehen zur Verfügung.

Die meisten Visualisierungsprogramme beinhalten Datenflußkonzepte, die keine Rückkopplungen erlauben. Da aber Simulationsprogramme oft iterativ durchgeführt werden und z.B. Konvergenzkriterien betrachtet werden müssen, ist es notwendig solche Rückkopplungsstrukturen einzuführen. Im vorgestellten System können Parameter an vorhergehende Stufen der Pipeline zurückgegeben werden und somit Simulationen anhand von visualisierten Zwischenergebnissen korrigiert bzw. optimiert werden.

Schrifttum

[1] Grafik und Wissenschaft "Datenvisualisierung". UNIRASter, UNIRAS GmbH, Düsseldorf 1989

[2] L.A. Treinish: Discipline Independant Visualization of Multidimensional Data. Siggraph Course Notes #28, 1989

[3] C. Upson, et. al.: The Application Visualization System: A Computational Environment for Scientific Visualization. IEEE Comp Graph App, pp. 30-41,July 1989

[4] P. Astheimer, et. al.: Systeme zur Visualisierung komplexer Datenmengen aus Wissenschaft und Technik: Modelle, Konzepte und Realisierungen. Fraunhofer-Arbeitsgruppe für Graphische Datenverarbeitung

[5] J.L. Encarnaçao, et. al.: Graphics Modeling As a Basic Tool for Scientific Visualization. Modeling in Computer Graphics, Proc. of the IFIP WG 5.10, Ed.: T.L. Kunii, Springer Verlag, Tokyo 1991

[6] M. Göbel, et. al.: Visualisierungssysteme im praktischen Einsatz. Seminar, Zentrum für Graphische Datenverarbeitung, Darmstadt, 1991

[7] AVS User's Guide. Stardent Computer Inc., Concord, 1991